C000179093

Ars

Natura

CURIOSITEZ
DE LA NATURE ET DE L'ART

CURIOSITEZ

DE LA NATURE
ET DE L'ART
SUR LA VEGETATION:
o v
L'AGRICULTURE,
ET LE JARDINAGE
DANS LEUR PERFECTION.

Où l'on voit

Le secret de la multiplication du Blé, & les moyens d'augmenter considerablement le revenu des biens de la Campagne.

De nouvelles découvertes pour grossir, multiplier, & embellir les Fleurs & les Fruits, &c.

NOUVELLE EDITION
Revûë, corrigée, & augmentée.

I. De la culture du Jardin Potager.
II. De la culture du Jardin Fruitier.

Par M. *l'Abbé* DE VALLEMONT.

SECONDE PARTIE.

A PARIS, *au bas de la ruë S. Jacques.*
Chez MOREAU, à l'entrée de la ruë Galande, à la Toison d'Or.

Avec Approbation & Privilege du Roi.

M. DCC. XXXIV.

CURIOSITES
DE LA NATURE,
ET
DE L'ART,
SUR LA VÉGÉTATION.

✳✳✳✳✳✳✳✳✳✳✳✳✳ ✳✳✳✳✳✳✳✳✳✳✳✳✳

SECONDE PARTIE.
LA PRATIQUE
DE L'AGRICULTURE
ET DU JARDINAGE.

CHAPITRE PREMIER.

*Nouvelles découvertes pour la multi-
plication du Blé & des au-
tres grains.*

L y a des queſtions , qu'on
agite ſans ceſſe dans le monde ; & ſur leſquelles on ne
ſait pas encore quel parti prendre. On demande tous les jours s'il y a

II. Partie.   A.

des Sorciers ; c'est-à-dire, des gens qui
ont communication avec le Diable, &
qui font des choses merveilleuses par son
secours. Les Savans qui ont traité de la
Démonomanie , ont rapporté tant de
choses fabuleuses sur le chapitre de
la Sorcellerie , qu'ils ont fait douter de
tout le reste. Ces Sorciers , qui montent sur un balay , & qui s'en vont par la
cheminée au Sabat , où ils voient , &
adorent le Diable , font des récits dont
bien des personnes fort censées ne s'a-
comodent pas. Les ignorants d'un autre côté atribuent à sorcellerie , tous les
éfets , dont ils ne peuvent découvrir les
causes. Et entre les uns , & les autres ,
il y a les esprits forts , qui nient absolument qu'il y ait des Sorciers en commerce avec le Diable.

La Pierre Philosophale , ou le secret
de faire de l'or par art , est encore très-
souvent la matiere des conversations.
Quoiqu'il y ait bien de l'aparence , que
personne n'a jamais eu ce secret , &
qu'on ne le trouvera jamais ; il y a cependant toûjours dans le monde beaucoup de *Soufleurs* , qui sont persuadés ,
que cette *benoîte Pierre* n'est point une
chimère. Cependant aujourd'hui , on
est un peu revenu des magnifiques pro-
messes de ces prétendus faiseurs d'or.

Il y a des Savans qui les apellent une Race crédule & menteuſe : *animal credulum , & mendax.* Ils ſont quelquefois à plaindre ; car enfin eux-mêmes, après s'être étourdis de leurs idées flateuſes , il arive, ſelon le Proverbe latin , que dans le tems qu'ils comptent d'avoir des tréſors immenſes, il ne leur reſte que des charbons : *Carbones pro theſauro invenimus. Phædr. Lib.* 5. *Fabul.* 7. Cela revient aſſez à ce qu'a dit un Moderne : qu'un chercheur de Pierre Philoſophale , eſt un Animal , qui profeſſe un *Art ſans règle* ,qui commence par *mentir* ; qui continuë par *ſe tourmenter* ; & qui finit par *mendier. Ars ſine arte ; cujus principium mentiri ; medium laborare ; & finis mendicare.*

Franchement ceux , qui s'imaginent qu'il y a un art certain pour faire de l'or, doivent avoir bien mauvaiſe opinion des dépoſitaires d'un ſi précieux ſecret. Car il eſt des tems & des circonſtances, où il me ſemble que ces hûreux confidents de la Nature devroient mètre la main à l'œuvre, pour répandre ſur leur patrie , quelque choſe de ces montagnes d'or , qu'ils ſe vantent de pouvoir produire , quand il leur plaît.

Je dis la même choſe du ſecret de la multiplication du Blé. J'eſtime que c'eſt

A ij

une de ces découvertes, qu'on ne peut cacher fans crime ; fur tout dans de certaines conjonctures. Car enfin combien
périt-il de perfonnes dans les néceffités
publiques , & dans la grande difette de
Blé ? Pour foûtenir qu'un homme peut
garder pardevers lui un fecret , qui métroit l'abondance par tout , il faut auparavant prouver qu'il lui eft permis de laiffer mourir de faim un million de perfonnes, à la néceffité defquelles il pouroit remédier aifément, & fans qu'il lui
en coûtât rien. *Si non pavifti , occidifti ,*
dit S. Bernard.

Je ne crai donc pas qu'il foit permis
à un Chrétien de faire miftére d'un fecret , que les feuls fentimens de l'huma-
nité obligent de rendre public. Ceux
d'entre les Païens , dont la raifon eft un
peu épurée , auroient horreur d'une ré-
ticence fi préjudiciable à la focieté des
hommes. Il eft aifé de juger ce qu'en
auroit penfé Cicéron par les chofes qu'il
a dites fur un fujet , qui revient affez à
celui dont il s'agit ici.

Cas important , admirablement décidé par Cicéron.

Dans le Livre des Offices , qu'on
peut regarder comme un livre qui con-

tient la plus pure Morale de la Nature,
Cicéron propose un cas; sur lequel deux
Philosophes Stoïciens sont partagés, &
qu'il décide ensuite lui-même. Voici le
cas.

Dans une grande famine de l'Isle de
Rode, un Marchand y aborde, avec un
Vaisseau chargé de blé, qu'il a amené
d'Alexandrie. Il sait que beaucoup
d'autres en ont chargé au même
lieu, & qu'ils doivent ariver à Rode
bien-tôt après lui. *Le doit-il dire? ou peut-
il n'en point parler, afin de mieux vendre
son blé?* Sur cette question, deux Philosophes Stoïciens sont de diférent avis.
Diogène crait que le Marchand s'en doit
tenir à ce qui est prescrit par le Droit
Civil, & qui consiste à déclarer, s'il y
a quelque vice dans sa marchandise, &
à la débiter sans fraude; mais qu'au sur-
plus, comme il est question de vendre,
il lui est permis de profiter de la con-
jonĉture, pour vendre son blé le plus
qu'il poura. J'ai amené ma marchandise avec beaucoup de peine, & de hazard, dira le Marchand; je la mets en
vente; je ne la vends pas plus que d'autres; & peut-être moins qu'on ne la
vendroit dans un tems, où le blé seroit
plus commun. A qui fais-je tort!

Quoi! dit Antipater, ne devez-vous

pas faire le bien commun , & servir la
societé humaine ! N'est-ce pas pour cela que vous êtes né ? Les principes de la
Nature , que vous avez en vous , que
vous devez suivre , & à quoi vous devez obéïr , ne vous disent-ils pas , que
*COMME vôtre utilité est celle de tout le
monde , celle de tout le monde est aussi la vôtre* ? Comment pouvez-vous donc celer
aux Rodiens le bien , qui leur doit ariver ! . . . . Un homme a une maison ,
dont il veut se défaire , parce qu'elle a
beaucoup de défauts , mais qui ne sont
connus que de lui. Elle est empestée ,
& on la crait saine : Il y vient des Ser-
pents dans toutes les chambres : Elle est
bâtie de mauvais matériaux , & prête
à tomber ; & personne ne sai rien de
tout cela , que le maître de la maison.
Il la vend , sans en avertir celui qui l'a-
chete , & la vend bien plus qu'il n'espe-
roit. N'est-ce pas une méchante action ?
Sans doute , continuë Antipater. Car
n'est-ce pas ce qui s'apelle : *Ne pas re-
dresser un homme qui s'égare* ; ce que les
Athéniens ont jugé digne des exécra-
tions publiques ? C'est même quelque
chose de beaucoup pire ; puisque c'est
laisser tomber un Acheteur dans un pré-
cipice, qu'il ne voit point , & qu'on lui
cache de mauvaise foi : & que d'induire

quelqu'un en erreur, de deſſein formé,
c'eſt un crime ſans comparaiſon plus
grand, que de ne pas montrer le chemin à un homme qui s'égare. Mais voici Diogène qui parle pour le Vendeur :
Celui, dit-il, qui vous a vendu cette
maiſon, vous a-t-il forcé de l'acheter ?
Vous en a-t-il même ſollicité ? Il s'en
eſt défait, parce qu'elle ne lui plaiſoit
pas ; & vous ne l'avez achetée, que parce qu'elle vous plaiſoit. On voit tous les
jours des gens, qui voulant vendre une
maiſon à la campagne, font crier publiquement : *Maiſon des champs, bonne,
& bien bâtie, à vendre :* Et quoique la
maiſon ne ſoit ni bonne ni bien bâtie,
ils ne ſont pas pour cela traités de trompeurs. Combien moins donc en doit-on
traiter celui, qui n'a dit ni bien ni mal
de ſa maiſon ? Lorſque ce qu'on vend
eſt expoſé aux yeux de l'Acheteur, &
qu'il peut y regarder tant qu'il voudra,
où eſt la fraude du Vendeur ? On eſt tenu de ce qu'on a dit ; mais non pas de
ce qu'on n'a point dit. A-t-on jamais
oüi parler, qu'un Vendeur doive découvrir les défauts de ſa marchandiſe ! & y
auroit-il rien de plus ridicule, que de
faire crier publiquement : *Maiſon em-
peſtée à vendre !* Il faut enfin, conclud
Cicéron, prononcer maintenant ſur ces

A iiij

queftions : car c'eft pour les réfoudre,
que nous les avons propofées, & non
pas pour les laiffer indécifes. Je dis
donc, que *le Marchand de blé ne doit point
celer à ceux de Rode ce qu'il fait des autres
Vaiffeaux qui fuivent le fien :* ni ce Vendeur, les défauts de fa maifon à celui qui
l'achete. Je fai bien que de ne pas dire
ce que l'on fait, ce n'eft pas toûjours le
celer. Mais *c'eft le celer, lorfque c'eft une
chofe, que ceux avec qui on traite, auroient
interét de favoir ; & que c'eft pour le fien
propre qu'on le leur cache.* Or qui ne voit
ce que c'eft que de celer les chofes dans
de pareilles circonftances, & quelle forte de gens en font capables ! Ce ne font
pas affurément des gens ouverts, des
gens droits & fans artifice ; des gens
bien nés, équitables ; en un mot des
gens de bien : *Ce font des gens doubles,
cachés, déguifés, trompeurs, malins, artifi-
cieux. Lib. III. Offic. cap. 12. & 13.*
Quelle probité ! Quelle morale ! Quel
Cafuifte ! Quelle lumineufe doctrine
parmi les ténèbres du paganifme ! Je
voudrois que cela pût confondre ces A-
vares & ces Ufuriers, qui voudroient
qu'il n'y eût de blé au monde, que celui qu'ils cachent dans leurs greniers ;
& qui trouvant plus de douceur à être
les meurtriers, que les péres des pau-

vres, font dans une perpétuelle prépa-
tion de cœur, de cimènter le bâtiment
de leur fortune, du fang des malhû-
reux. Cicéron range ces fortes de gens
parmi les fcélerats, qu'on ne fauroit
trop méprifer. Mais faint Chryfoftome
fait plus : après les avoir retranchés du
nombre des hommes, il les place parmi
les bêtes farouches & cruelles, & veut
même qu'on les haïffe, comme des démons. *Qu'y a-t-il de plus miferable*, dit
ce Saint, *qu'un riche, qui defire la famine,*
pour mieux vendre fon blé ? Ce n'eft pas un
homme ; c'eft une bête farouche ; c'eft un dé-
mon. Vidifti quomodo autem non finit homines
effe homines, fed feras, & dæmones. Quid
enim hoc divite fuerit miferabilius, qui optat
quotidie effe famem, ut ei fit aurum ! Ho-
mil. 39. in I. Epift. ad Corinth. Tout cela s'acorde parfaitement bien avec ces
paroles de l'Ecriture : *Celui qui cache fon*
blé, fera maudit des peuples : Qui abfcun-
dit frumenta, maledicetur in populis. Pro-
verb. cap. 11. v. 26.

Si quelqu'un cachoit le fecret de la
multiplication du Blé, il mériteroit
toutes les éxécrations, dont l'Ecriture,
les Péres de l'Eglife, & les Païens mêmes chargent ceux qui cachent leur Blé.
Un bon cœur doit fouhaiter que l'abondance foit par tout ; & s'il le peut, il

faut qu'il la procure en tous lieux. Qu'il
eſt doux de faire du bien , même à ſes
ennemis !

Je donnerai toutes les découvertes ,
que j'ai faites ſur cette Multiplication
ſi importante. De tous les procédés
que je propoſe , il n'y en a pas un qui
ne ſoit bon. Il y en a que j'eſtime , &
que je préférerois aux autres. Je le fais
aſſez ſentir , quand je les raporte , par le
ſoin que je prends de les faire valoir , &
de les juſtifier ſur les doutes qu'on pouroit avoir. Je n'en ai voulu négliger aucun ; parce que les perſonnes un peu en-
tenduës ſur ces matieres , les compare-
ront les uns aux autres , & choiſiront
le procédé , qui conviendra le mieux à
leurs terres , & aux commodités du
Pays ; & peut-être que de pluſieurs ,
aſſez paſſablement bons , on en fera un
très-excélent. Ces diférentes manieres
de multiplier le Blé , ſont de ces choſes,
qui ſe peuvent ſans ceſſe perfectionner
de plus en plus.

I. MULTIPLICATION.

On prend un boiſſeau de Blé ; on le
met dans un grand vaiſſeau de cuivre :
on verſe deſſus cinq ſeaux d'eau. Il faut
faire boüillir cela ſur le feu , juſqu'à ce

que le Blé soit crevé, & que l'eau soit imprégnée du sel essentiel du grain. On passe cette eau par un linge : & on donne aux Volailles le blé, pour ne rien perdre.

Metez dans une grande chaudiere trois livres de Salpêtre, ou de Nitre, qui est la même chose ; & versez-y vôtre eau emblavée, pour me servir de ce mot : ajoûtez à cela quatre seaux d'égoûts de fumier d'une basse cour. Faites boüillir le tout. Le Salpêtre se fondra.

Cela fait, prenez une grande Cuve de bois ; mètez-y la quantité de Froment, de Sègle, d'Orge &c. que vous voulez semer ; alors versez vôtre liqueur qui doit être tiède, & passer de quatre doigts au-dessus du grain ; parce qu'il se gonflera bien-tôt. Couvrez bien le tout, afin que la chaleur s'y conserve plus long-tems, & mète les sels en mouvement. Laissez-là vôtre blé vingt-quatre heures, afin qu'il se charge de ces sels de fécondité, de ce baume de vie, & de ce puissant menstrue, ou dissolvant, qui ne manquera pas d'ouvrir, de dilater & de déveloper les germes sans nombre, contenus dans chaque grain. Car enfin c'est dans ce dévelopement des germes infinis, que chaque grain de blé

contient, que confifte le grand mécanifme de la multiplication.

Tirez le blé, faites-le fécher un peu
à l'ombre, & puis femez-le avec ménage ; parce qu'il en faut un tiers moins
qu'à l'ordinaire, pour charger les terres.
Il faut y ajoûter de la paille hachée,
afin de pouvoir femer, fans fe tromper,
à pleine main. Ceux qui font voifins de
la mer n'auroient qu'à y ajoûter un tiers
de fable de la mer. Par-là on porteroit
la multiplication beaucoup plus loin ; à
caufe du nouveau fel, qui eft joint au
fable.

L'eau qui refte fert au même ufage.
Elle eft bonne, jufqu'à ce qu'elle foit
toute employée. Après tout, quand la
fève monte, une pinte de cette eau au
pié de châque jeune arbre, eft un régal,
qui lui fait faire merveilles : Et cela ne
gâteroit pas les vieux. Une Vigne s'en
réjoüiroit beaucoup ; & rendroit ce
bien-fait au centuple dans le tems des
Vendanges.

Les gens un peu adroits iront loin,
après cette ouverture. Il y en a qui n'ont
pas encore achevé de lire ceci, & qui fe
promètent déja bien d'avoir des Choux
pommés, d'une groffeur monftreufe.
A moins que d'avoir l'efprit bouché,
on devine bien tout ce que je pourois

dire là-deſſus. Irai-je faire ici un détail
de toutes les herbes potageres, qu'on
rendra par ce ſecret, plus fortes, plus
belles, plus délicieuſes, & plus ſalu-
bres! Les Fleuriſtes ne s'endormiront
pas. Ce ſont gens d'eſprit, & qui de-
vinent à demi mot. Il ne tiendra qu'à
eux de faire des prodiges. Il y a encore
plus que tout cela. La vertu du Nitre
n'eſt pas bornée dans la famille des Végétaux. En voila aſſez ; je dirai le reſte
ailleurs : & les perſonnes, qui ont des
Ménageries, me comprennent déja à
merveilles. Pour voir avec plaiſir juſqu'où va le ſuccès de la multiplication
du blé, quand on s'y prend bien, j'ai
fait graver une touffe de tiges & d'épis,
qui ont pris naiſſance d'un ſeul grain.

I.I. MULTIPLICATION.

Tout le ſecret de la Multiplication
conſiſte dans l'uſage des Sels. *Le Sel*,
dit Paliſſy, *eſt la principale ſubſtance*, &
vertu du fumier. *Moyen de devenir riche*,
pag. 10. Un champ, ajoûte-t-il, pouroit être ſemé tous les ans, ſi on lui re-
ſtituoit par les fumiers, ce qu'on lui
enléve dans la récolte. Et il n'y a point
de doute, qu'on ne puiſſe tirer d'un
champ tout ce que l'on voudra, pourvû

que l'Art veüille aider la Nature. De forte que fi l'on trouve le moyen de communiquer à ce champ une abondante matiere propre à la Germination & à la Végétation, on aura à proportion une ample moiffon. Cela ne fe peut faire fans quelque peine , fans des foins. C'eft à ceux , qui font capables de cette ocupation champêtre, que je donne la Multiplication fuivante. Ce tréfor ineftimable n'eft que pour les vertueux & les perfonnes laborieufes.

Comme la Multiplication dépend des Sels , il s'agit d'en amaffer beaucoup, & qui coûtent peu , afin d'y trouver un plus grand émolument. Voici le proeedé.

1. Il faut avoir d'abord trois Ponçons, qui foient défoncés par un bout. On y met tout ce qu'on peut prefque rencontrer en fon chemin ; favoir des os de toutes fortes d'Animaux, plumes, peaux , rognures de cuirs, vieux gants, fouliers, cornes, fabots de pieds de cheval , & d'autres bêtes ; en un mot toutes les chofes qui abondent en Sels. On caffe les os , on met en piéces le refte. On diftribuë ces chofes dans les trois Ponçons. On met dans le premier tout ce qui fe peut infufer promptement , c'eft-à-dire ,· les chofes les plus

molles. Dans le fecond, on met les matieres qui font moins molles. Et dans le
troifiéme, on met les fubftances qui font
dures. Puis on les remplit tous trois
d'eau de pluie , fi l'on en peut avoir.
L'eau de riviere eft bonne : celle de ma-
re , d'étang , &c. vont après.

On laiſſe infufer quatre jours ce qui
eft dans le prémier Ponçon.

Six jours : ce qui eft dans le fecond.

Huit jours , ce qui eft dans le troifiéme.

Après ce tems-là, on fépare l'eau de
ces matieres , que l'on jéte. On conferve l'eau foigneufement. L'ambre-gris eft
d'une plus fuportable odeur , que ces
fubftances infufées. Mais l'odeur n'en
eft pas plus défagréable, que celle de la
Civette Occidentale , fur laquelle nos
Chymiftes travaillent quelquefois. A-
près tout je parle à des gens , qui veulent s'enrichir ; & fur ce pié - là , je les
crai du fentiment de l'Empereur Vefpa-
fien qui ne fe faifoit pas une afaire de
toucher l'argent, qu'il tiroit de l'impôt
qu'il avoit mis fur les Latrines. *Lucri*
bonus odor ex quocumque fiat.

Il n'y a pas moyen de faire autre-
trement. Il y a de petits dégoûts, qu'il
faut néceffairement effuyer dans l'Agriculture, & dans le Jardinage. On ne

fauroit réparer les fels , que la terre perd
dans les végétations , fans qu'il en coûte. M. de la Quintinie, après trente années d'expériences, dit fort bien : Con-
ftamment il y a dans les entrailles de la
terre , un fel qui fait fa fertilité ; & ce
fel eft le tréfor unique , & véritable de
cette terre. Il faut réparer ce qu'elle perd
de ce fel , en produifant des Plantes.
Car ce n'eft proprement que fon fel qui
diminuë ; il faut donc amender cette
terre, & la rendre au même état qu'elle
étoit. Ce qu'elle a produit par la voie de
la végétation, peut fervir à amender cette terre , en y retournant par la voie de
la corruption. Ainfi toutes fortes *d'éto-
fes, & de linge, la chair, la peau, les os , les
ongles des chevaux , les bouës, les urines , les
excrements , le bois des arbres , leur fruit ,
leur marc , leurs feüilles , les cendres , la
paille , toutes fortes de grains , &c.* tout cela rentrant dans les terres, y fert d'amélioration. C'eft par-là , dit-il ailleurs ,
que la terre devient , en termes de Philofophie , imprégnée du *fel nitre , qui eft
le fel de fécondité.* Traité d'Agricult. II.
Part. ch. 22. p. 217. Qu'on ne s'étonne donc plus de ce que nous obligeons
les gens à ramaffer des chofes abfurdes.
M. de la Quintinie les recommande
pareillement , pour avancer la végétation.

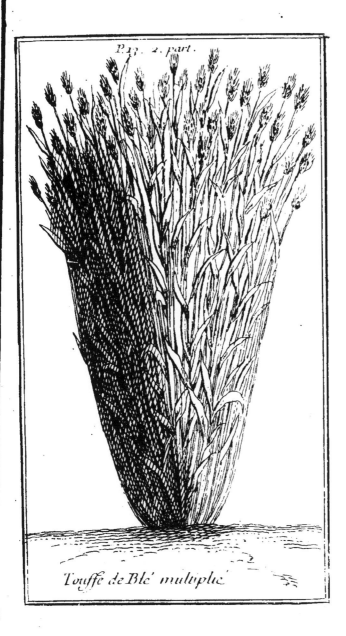

P. 17. 2. part.

Touffe de Blé multiplié.

2. D'un autre côté il faut cüeillir toutes les Plantes avec leurs fleurs, leurs graines, qui se trouvent le long des Bois, dans la Campagne, sur les Colines, dans les Vallées, dans les Jardins. Toutes les Plantes enfin, qui contiennent beaucoup de Sels. On les brûle, on en fait des cendres : De ces cendres, on en tire les Sels par l'évaporation de l'humidité. Les écorces de Chêne, où il y a beaucoup de Sel, sont très-bonnes, comme aussi le Romarin, la Lavande, la Sauge, la Bétoine, la Menthe, le Mille pertuis, les Soleils, &c. Dans l'évaporation, les Sels s'amassent par la Criftallization; & il est aisé de les recüeillir. Il faut les faire sécher pour les conserver.

3. Il faut autant de livres de Salpêtre, ou Nitre, que vous avez d'arpents de terre à semer. Vous mètrez, pour un Arpent, une livre de Salpêtre diffoudre dans douze pintes d'eau de baffe cour. Quand le Salpêtre sera bien fondu, on y jètera un peu de ces Sels des Plantes, à proportion de ce que l'on en a. Alors cette liqueur s'apelle *la matiere universelle* ; parce que le Nitre est véritablement l'Esprit universel du Monde Elémentaire : comme nous l'avons démontré dans le chap. 6. de la 1. part.

Voila tout l'effentiel du fecret de la Multiplication. Ainfi nous apellerons *Eau Préparée*, celle qui s'eft faite dans les Ponçons ; & nous nommerons *Matiere univerfelle*, l'eau où il y a le Nitre, & les Sels extraits des Plantes.

U S A G E.

Vous préparerez vôtre Blé, ou autre grain, pour deux Arpents à la fois, ou ce que vous pourez faire femer en un jour, ou deux.

Pour un Arpent, vous prenez douze pintes de l'*Eau préparée*, où l'on mêle auffi-tôt la *matiere univerfelle*, dans laquelle il y doit avoir une livre de Nitre fondu. Il faut que le Vaiffeau où vous mètez ces liqueurs, foit affez grand, pour contenir le Blé, dont vous voulez emblaver vôtre terre. Alors vous répandez vôtre Blé fur ces liqueurs. Il le faut laiffer tomber doucement, afin que vous puiffiez ôter, avec une Ecumoire, le Blé qui nage fur l'eau, parce qu'il n'eft pas bon pour femer. *Semina, quæ in aqua fubfidunt firmiora funt, & ad ferendum fideliora ; quæ fluitant, languidiora, & propagationi inapta*, dit M. Rai, *Hift. Plant. Lib. I. cap.* 18. *p.* 34. Il faut que l'eau furnage de quatre doigts au-deffus du Grain ; & s'il n'y en avoit pas affez, il faut ajoûter de l'eau commune, de la meilleure que l'on ait ; celle de baffe-cour conviendroit mieux.

On laiffe tremper le Blé durant douze heures , en le remuant de deux heures en deux heures. Si le grain, après cela , n'enfle pas , il le faut laiffer , jufqu'à ce qu'il commence à groffir confidérablement. Alors on le retire : on le met dans un fac, pour le laiffer égoûter. Il faut qu'il refte quelques heures, afin qu'il fermente, & qu'il s'échaufe. On ne doit pas perdre l'eau , qui tombe : elle eft bonne jufqu'à la derniere goute, pour toutes fortes de grains, & de graines.

On fème ce Blé encore un peu humide : il en faut un tiers moins par arpent : on peut même à coup feur n'en métre que la moitié , & y mêler de la paille hachée bien menu , pour groffir le volume , afin que le Laboureur puiffe femer à l'ordinaire , à pleine main , comme on l'a déja dit.

OBSERVATION.

1. Il faut choifir un grain bien nouri, & pefant.

2. Les terres graffes , & pezantes

doivent être labourées de bonne heure;
avant que les pluies viennent, qui rendent encore la terre plus pezante. On
enfemence ces terres , dez qu'elles font
labourées ; afin que le grain par l'aiman
des fels, dont il eft imprégné, atire l'efprit
univerfel , répandu dans l'air. Il faut
prévenir les grandes pluies , fi l'on peut;
afin que quand elles arivent , le mariage
du ciel , & de la terre foit déja confom-
mé pour la germination , & la végétation de nôtre Blé , dépofé dans le fein
de la mere univerfelle de toutes les gé-
nérations végétales. Tous les grains veulent être femés en tems fec, dit M. Rai:
Semina omnia ficca tempeftate fevenda funt:
tertio, quarto-ve die à pluvia largiore : trois
ou quatre jours après les grandes pluies:
Rai , *Hift. Plant. Lib. I. cap.* 18. *pag.*
34.

M. de la Quintinie fait la même remarque , & on ne fauroit y faire trop
d'attention ; parce que c'eft fur cela
qu'on fe doit règler , pour connaître
quel procedé on doit choifir, afin d'améliorer fes terres. Il ne faut pas par tout
la même matiere. Et ceux qui ne font
point ces diftinctions là , courent rifque
de ne point réüffir , & de fe plaindre
mal-à-propos des fecrets , qu'on leur
communique. Il y a, dit ce fameux Jar-

dinier, deux défauts généraux dans les terres. Le prémier eft d'avoir trop d'humidité, laquelle eft accompagnée d'ordinaire de froid, & d'une trop grande pezanteur. Le fecond eft d'avoir trop de fécherefle, qui ne va point fans une exceffive légereté, & une grande difpofition à être brûlante. Il faut opofer deux remédes diférents à ces deux inconvenients tout opofés. Nous voyons pareillement que des fumiers, que nous pouvons employer, les uns font gras, & rafraichiffants; par exemple, ceux de Bœufs, & de Vaches. Les autres font chauds, & legers; tels font ceux de Mouton, & de Pigeon. Comme le reméde doit être opofé au mal, il faut les fumiers chauds, & légers dans les terres humides, froides, & pefantes, afin de les rendres plus mobiles, & plus legéres. Il faut employer les fumiers de Bœufs, & de Vaches dans les terres maigres, féches, & legéres; afin de les rendres plus graffes, plus matérielles; & par ce moyen empêcher que les hâles du Printems, & les grandes chaleurs de l'Eté ne les altérent trop aifément. *Pag.* 218. Voila fans doute le rafinement le plus exquis en matiere d'Agriculture, & de Jardinage. C'eft par de femblables obfervations, qu'on les portera à leur perfeftion.

Les terres maigres , & legeres ne doivent pas étre si-tôt ensemencées; à moins qu'elles ne sussent dans des fonds aquatiques , & marécageux. Alors il faut les traiter comme les grosses terres.

Au reste, c'est un mal d'enterrer les grains trop avant. Ils sont accablez par la pezanteur de la terre , & ont moins de part aux vapeurs , & exhalaisons nitreuses , qui nagent dans l'athmosphère de l'air. M. Rai dit : Gardez-vous bien d'ensevelir vos grains trop avant dans la terre , qui les écraseroit ; ils seroient là enterrez , sans aucune espérance de résurrection. *Summopere cavendum ne semina altè demergantur, aut nimiâ terrâ obruantur , adeoque sine ulla resurrectionis spe sepeliantur. Hist. Plant. Lib. I. cap.* 18. *pag.* 34.

3. Si la terre est sujette à des mauvaises herbes , il la faut nécessairement labourer deux , ou trois fois , pour ôter toutes les racines de ces herbes.

L'année suivante , il ne faudra labourer qu'une fois: mais profondément; & les raies proches l'une de l'autre.

4. Il n'est point nécessaire de fumer la terre : mais en cas qu'on ait du fumier , il est bon de l'employer ; la récolte n'en sera que plus forte.

Si l'on ne veut pas pratiquer cette ma-

fiere dans toute fon étenduë, on peut
fe difpenfer de l'infufion, qui fe fait
dans les trois Poncons; & prendre de
l'eau de baffe-cour. Si on n'a pas de cette eau, il eft aifé d'en faire avec du fumier des écuries; & ce qu'on tire des
Colombiers, & des lieux où l'on tient
la volaille; & puis fimplement mètre
le nitre fondre dedans. Le fuccès n'en
eft pas fi beau.

III. MULTIPLICATION.

Il y a des Laboureurs, qui amaffent,
dans une foffe, quantité de fiente de
cheval, où ils jétent fouvent de l'eau.
Quand cette matiere a pouri pendant
quelques femaines, ils en tirent l'eau
imprégnée des fels du fumier. Ils font
un peu boüillir cette fubftance dans un
grand vaiffeau de cuivre. Ils y métent
un peu de nitre: & quand la matiere
eft hors de deffus le feu, & qu'elle n'eft
plus que tiéde, on y fait tremper le blé,
que l'on veut femer. On le laiffe macérer dans cette liqueur durant trois
jours, afin qu'il s'enfle, & que les germes s'ouvrent, fe dilatent, & fe dévelopent. Aprés cela ils le retirent de l'eau;
afin de le faire un peu fécher. Enfuite
on le féme.

Comme il en faut femer un tiers
moins , par arpent , qu'à l'ordinaire ,
on hâche de la paille fort menu , & on
en met un tiers parmi le blé préparé.
Cette maniere réüffit affez bien : & il y
a des Laboureurs , qui fe font procurés
par cette petite manœuvre , de très-a-
bondantes récoltes.

IV. MULTIPLICATION.

Il y a en Angleterre des Laboureurs,
dont le procedé n'eft pas de préparer le
Blé. Tous leurs foins font du côté de la
terre. Voici comment ils s'y prennent.
Au commencement de Juin , ils ramaf-
fent de toutes parts les herbes vertes ,
qu'ils rencontrent fur les montagnes ,
dans les vallées , le long des bois , &c.
Ils les font fécher au Soleil , & puis ils
les brûlent. Ils en mêlent les cendres
avec du fable de la mer , & répandent
cela fur leurs terres , peu de jours avant
que de les enfemencer. Il eft certain que
cet ufage eft très-bon. Le fel des cendres des Plantes , & le fel marin du fable communiquent à la terre une fécondité merveilleufe.

V. MULTIPLICATION.

Cambdenus , dans la defcription de la
Province

Province de Cornovvaille , en Angleterre , raporte que les Laboureurs de ce
pays-là fe fervent d'Algue-marine , &
de limon , pour fertiliser leurs champs ,
naturellement très-infertiles. Ils affûrent que par ce moyen ils receüillent des
blés , au delà de tout ce qu'on peut s'i-
maginer.

VI.   MULTIPLICATION.

M. de Childrey , dans fon hiftoire
naturelle d'Angleterre , remarque, que
les habitans du pays de Cornovvaille ,
ont reconnu que rien ne contribuë tant
à la fécondité de leurs terres , que le
fable de la mer ; & que plus ce fable
eft pris avant dans la mer , & plus la re-
colte eft riche. Ces quatre manieres de
multiplier les grains , favoir la iii. la iv.
la v. & la vi. font tirées de l'Obfervation cxii. des Journaux , *Curioforum
Natura* d'Alemagne, 1671. pag. 185.
186. 187.

Dans la même Obfervation , il eft
parlé d'un épi d'orge d'une groffeur
monftrueufe. Il étoit compofé de quinze gros épis, & de neuf petits; mais tous
extrémement remplis de grains. Ce
merveilleux épi s'étoit formé dans la Siléfie ; & on le porta par curiofité à

II. Partie.   B

Vienne, afin de le préfenter à l'Empereur. Quelques Phyficiens étoient d'avis que cette touffe s'étoit produite de plufieurs grains d'orge, qui s'étoient trouvez par hazard répandus au même endroit. C'eft ainfi que le célébre Pere Ferrari Jéfuite, dit, que fi on mêloit plufieurs graines de même efpèce, mais de diférentes couleurs, & qu'on les mît dans une canne, ou branche de Sureau, pour les dépofer dans la terre, les germes fe mêleroient, & fe confondroient enfemble ; & qu'il en naîtroit une Plante qui porteroit des fleurs belles, & variées comme l'arc-en-ciel. Cet Iris, dit-il, feroit formé, non pas par les larmes d'une nuée, qui fe réfoud en pluie ; mais par les ris, & les petits jeux de Flore, qui fe divertit : *Ut femina invicem mixta ; & confufa Flora quoddam luxuriantis monftrum, & Iridem non ex lachrymis refolutæ nubis, fed ex rifu gaudentis naturæ exhibeant.* Cette explication eft belle, brillante, ingénieufe au poffible ; mais peut-être qu'il y manque un peu de verité. Et fi les Phyficiens d'Alemagne fe fouvenoient de ce qu'on voit tous les jours, qu'un grain de Blé, ou de Chennevis, tombé dans un Jardin, où l'aliment eft abondant, forme une Plante d'un merveilleux volume ; il ne

leur auroit pas été néceffaire, à l'oca-
fion de ce gros épi d'orge, de recourir
à cette pluralité de grains tombés enfemble dans le même trou; & de fupo-
fer que les germes fe font pénétrés les
uns les autres, pour ne former qu'une
Plante. Ce qui enferme quelques dificultés affez confidérables. Je ne voudrois pas nier ce que pofe le P. Ferrari :
Il fe peut faire que les graines, qui fe
touchent de fort près, venant à fe dilater, & les germes à fe dévcloper, le
baume de vie, enfermé dans chaque
graine, s'infinuera, fe mêlera, & pro-
duira d'agréables nuances dans les couleurs des fleurs, qui en naîtront. Mais
je ne penfe pas que de plufieurs germes,
il puiffe ne s'en faire qu'un, compofé
des autres.

Ces Savans d'Alemagne ajoûtent
une chofe digne de grande attention,
fur la matiere, que nous traitons ici. Il
eft certain, difent-ils, que l'induftrie
des Laboureurs pouroit par art imiter,
& faire toûjours ce que la Nature fait
quelquefois. Ils pouroient la forcer de
nous donner tous les épis d'orge, auffi
gros que celui, qui crut dans la Siléfie.
Il n'y auroit qu'à épier la Nature même, & à la fuivre de près, quand elle
fe divertit à produire ces épis fi gail-

Iards : elle a beau fe cacher , on la dé-
couvriroit , fi on y apportoit du foin ,
& de la vigilance. Et quand on auroit
une fois reconnu ce qui la peut métre
de fi belle humeur , il ne faudroit que
la remétre dans la même difpofition ,
& fur les mêmes voies ; alors tous nos
travaux feroient amplement récompen-
fés : nous aurions certainement toutes
les fois que nous voudrions , ces productions fi réjouiffantes , & des récoltes
qui porteroient par tout le plaifir & l'a-
bondance.

VII. MULTIPLICATION.

Il ne faut rien négliger de tout ce qui
nous vient des grands Hommes ; & fur
tout de ceux qui fe font apliqués à cultiver les arts utiles à la vie. Ainfi , quoique M. Rai n'ait parlé que de la maniere de femer les graines des Jardins ,
ce qu'il a dit , mérite d'avoir ici fa place ; quand même nôtre deffein ne feroit pas de donner de nouvelles lumié-
res , auffi-bien pour le Jardinage, que
pour l'Agriculture.

Quelques-uns , dit-il , avant que de
femer leurs graines , les métent tremper dans de l'eau , où ils ont fait fondre du nitre, ou bien dans du vin , pour

en hâter la germination. Ce que je ne trouve pas neceffaire dans les graines nouvelles : mais je ne défaprouve pas ce que fait *H. Corvinus*, pour les graines exotiques, ou qui font furannées.

Le P. Ferrari, dit qu'à l'égard des femences, qui font dures, lentes & pareffeufes à germer, *Corvinus*, avant que de les femer, les fait tremper douze heures dans de l'eau où il y a un peu de nitre. Il les y laiffe quelquefois macérer davantage, felon la dureté aparente des femences ; & il les arofe enfuite de la même eau, afin que le nitre, mêlé avec les exhalaifons chaudes de la terre, excite les germes à s'ouvrir & à fe déveloper, pour faire une promte & heureufe germination : *Ut nitrum ex igneo terræ halitu concretum feminalem contumaciam ad uberem germinationem proriret.* Ferrari *FLORA*, *five Florum cultura. Lib. iii. cap. 1. Lex Floris ferendi. pag.* 211.

Ce feroit un procedé facile & court, fur tout dans les pays de Vignobles, s'il fuffifoit de faire infufer le Blé dans du vin, pour réüffir dans le riche ouvrage de la multiplication. Cela fe pratique affez fouvent fur la graine de Melon. On la met tremper dans de bon vin ; & les curieux prétendent que c'eft un

secret certain , pour donner aux Melons
un goût exquis. Il eſt du moins conſtant
que le vin ne gâteroit pas le Blé. On
avoit dit , il y a long-tems , que Venus
s'accomodoit aſſez-bien de la liqueur de
Baccus ; mais il me paroît ſurprenant
que Cerès ſe faſſe auſſi un plaiſir de tâter de ce jus précieux.

VIII. MULTIPLICATION.

Prenez fumier de Vache ,
　　　　de Cheval ,
　　　　de Brebis ,
　　　　de Pigeons ,

de chacun une quantité égale. Mettez
le tout enſemble dans un vaiſſeau de
cuivre , ou de bois ; il n'importe. Ver-
ſez de l'eau boüillante deſſus. Laiſſez
le tout tremper durant huit jours ; au
bout deſquels vous verſerez cette eau
par inclination dans un autre vaiſſeau ,
où vous mettrez diſſoudre une livre de
nitre par arpent. Après que le nitre ſera
fondu, on y mettra tremper le froment,
ou autre ſemence l'eſpace de vingt-quatre heures. Il faut enſuite tirer le blé &
le ſemer un peu humide , ſi c'eſt un
tems de ſéchereſſe. Mais ſi la terre eſt
humide , il faut faire un peu ſécher le

blé fur des draps dans un grenier, avant
que de le femer. Il ne faut que les deux
tiers de ce qu'on a coûtume de femer
par arpent. Il fufit d'avoir labouré une
fois la terre fans la fumer. Quelque mai-
gre & ftérile que foit le champ, on doit
compter fur une riche moiffon, qui de-
vancera de quelques femaines le tems
ordinaire de la récolte.

OBJECTION.

On ne peut pas crâire que le peu de
fels, qui s'atachent à chaque grain de
blé, puiffe fuffire à l'aliment de tant de
tuyaux, & d'épis, qu'on efpere de voir,
par ce fecret, fur une feule tige.

RE'PONSE.

Ces fels, dont fe charge chaque grain
de blé, ne font pas précifément pour
nourir toute cette nombreufe famille.
Leur premiere action, c'eft de couper,
d'incifer les envelopes des germes diférents, qui font contenus dans chaque
grain, afin qu'ils fe dilatent, & qu'ils
fe dévelopent.
La feconde action de ces fels, c'eft
de fervir à chaque grain de blé, comme d'un aimant pour atirer le nitre de

la terre , que les feux foûterains ont réduit & pouffé en vapeurs & en exalai-
fons dans la baffe & moyenne région
de l'air , pour la nourriture des Végétaux & des Animaux. Ce n'eft point
ici une contemplation en l'air , une chi-
mere , une idée creufe. Nous favons ,
fondés fur de belles expériences , que le
nitre expofé à l'air , en atire comme un
aimant , & le nitre , & l'humidité.

I. EXPERIENCE.

Sur le magnétifme du Nitre.

Si l'on fait calciner certaine matiere
pierreufe , qui fe trouve dans les vieux
tuyaux de plomb des fontaines, & qu'on
en tire le fel ; ce fel mis après dans un
vaiffeau à l'air , attirera continuelle-
ment de l'eau , laquelle étant filtrée &
évaporée , donne un parfaitement beau
falpêtre. Ce fel ne fe diffout pas à l'humide ; il refte dans le vaiffeau , quand
on verfe par inclination l'eau qu'il a ati-
ré , ou bien il demeure fur le filtre.
Monconys , Voyage , Tom. 1. *pag.* 19.
Voilà ce que fait le nitre ataché au grain
de blé ; il lui atire fans ceffe l'humidité,
& les vapeurs nitreufes , qui nagent
dans l'air , & dont les Plantes fe nou-
riffent.

2. EXPERIENCE.

Les Savants d'Alemagne confirment ce magnétifme par une autre expérience qui nous met en état de ne point douter que le nitre n'atire le nitre. Si vous expofez à l'air, durant la nuit en Eté, des cailloux calcinés ; cette matiere, où il y a du nitre, atirera à elle l'humeur faline de l'air : car enfin l'Atmofphere d'air, qui envelope le globe de la terre, eft toute remplie de corpufcules nitreux, qui s'élevent de la terre, & de la mer : *Continet enim athmofphara aëris exhalationes varias, quâ terra, quâ mari afcendentes, intra quas nitrofa prævalent. Obfervat. 18. Curioforum naturæ, 1675 & 1676. pag. 28.*

Or ce nitre eft un fel véritablement de fécondité. Rien n'eft plus précieux, & peut-être plus refpectable dans la Nature, que ce nitre, qui n'eft prefque connu que de quelques Philofophes. Il eft inconteftablement le *baume de vie*, qui entretient toute l'harmonie de la Nature dans les trois familles des Minéraux, des Végétaux & des Animaux : & fans lequel tous les mixtes fe décompoferoient, fe réfoudroient dans leurs principes, & formeroient de leur ruine ;

B v

& de leur débris le premier cahos. C'eſt
ce ſel précieux, qui tient tous les corps
du monde élementaire dans un état de
conſiſtence.

Nos Savants de France ſont en cela
d'acord avec tous les Savants de l'Europe. M. Homberg a fait une expérience, qui montre la part qu'a le nitre
dans la végétation des Plantes. Il a ſemé du Fenoüil dans une caiſſe qu'il aro-
ſoit avec de l'eau, dans laquelle il a-
voit fait diſſoudre du Salpêtre; & il
ſema en même-tems du Creſſon dans
une autre caiſſe aroſée d'eau commune. Le Fénoüil ſemé en pareille quantité, a produit deux onces & demie de
plantes plus que le Creſſon. Sur quoi il
ajoûte: De-là on poura juger, que ſi
les ſels ne ſont pas abſolument neceſſai-
res pour la germination des Plantes: cependant ils aident à l'acroiſſement & à
la force des Plantes; puiſqu'il s'en eſt
trouvé une plus grande quantité dans la
terre aroſée de nitre. *Mémoires de l'A-
cademie Royale des Sciences*, 1699. *pag.*
69.

3. EXPERIENCE.

En faiſant fondre du nitre dans de
l'eau, il ſe répand & ſe mêle parmi

l'eau, qui en eſt toute pénétrée. Il n'eſt
rien de plus facile, que de retirer ce nitre
de tous les pores de l'eau, dans leſquels
il s'eſt inſinué. Il n'y a qu'à faire un
peu évaporer l'humidité ſur le feu, juſqu'à ce qu'il paraiſſe une petite pellicu-
le ſur l'eau. Alors on laiſſe refroidir le
tout. Le nitre ſe ramaſſe en beaux criſ-
taux, longs, blancs, clairs, tranſpa-
rents. Tant il eſt vrai, que le nitre ſe
cherche, & ſe ramaſſe : C'eſt ainſi que
le nitre, qui nage dans l'air, ſe réünit au
nitre, dont on a imprégné le Blé, avant
que de le ſemer. Paliſſy exprime cela à
merveilles, ſelon ſa maniere. L'huile,
dit-il, étant jetée dans l'eau, ſe ramaſſe
& ſe ſepare de l'eau. Veux-tu meilleures preuves, que du ſel commun, de la
couperoſe, & de tous les ſels, leſquels
étant diſſous dans de l'eau, ſe ſavent ſi
bien ſéparer par la criſtaliſation, & faire un corps à part ! *Des Métaux, & Al-
chymie, pag.* 160. Il me ſemble que cela
eſt démontré, & qu'il n'y doit plus a-
voir de dificulté ſur une choſe ſi évi-
dente, & ſi conſtante.

I X. MULTIPLICATION.

Prenez dix boiſſeaux de bon Blé :
faites-le calciner, juſqu'à ce que vous

l'aïez réduit en une cendre grifâtre. Il
faut tirer le fel de ces cendres ; ce qui fe
fait par une leffive à l'ordinaire. Au lieu
d'eau , fi l'on avoit de la rofée de Mai
ou de Septembre , l'opération en vau-
droit incomparablement mieux. *Solve* ,
& Coagula. Il faut diffoudre les fels des
cendres dans de l'eau de pluie , fi l'on
n'a pas de rofée ; & quand l'eau s'eft
chargée des fels , dont les cendres é-
toient remplies , il la faut filtrer ; & puis
coaguler. On coagule en faifant évaporer l'humidité : enfuite on trouve les
fels , qu'il faut garder précieufement.
Cela fait ;

Prenez de toutes fortes de fumiers :
ceux de Cheval , de Poule , de Pigeon , de Mouton priment les autres.
On les met dans un grand vaiffeau de
cuivre , où l'on verfe une ou deux pintes d'eau de vie , de la rofée le plus qu'il
eft poffible , avec quelques pintes de
vin blanc : on y en met à proportion
de la multiplication qu'on veut faire.
S'il n'y a pas affez de liqueur , il y faut
ajoûter de l'eau de pluie. Après quoi il
faut laiffer cela vingt-quatre heures fur
un très-petit feu , & remuer très-fou-
vent. On filtre la liqueur , que l'on conferve pour l'ufage fuivant.

USAGE.

On prend de cette liqueur, autant qu'il en faut, pour tremper le Blé qu'on doit femer par arpent. On met dans cette liqueur une once de fel de froment, & une livre de nitre. Quand les fels font bien diffous, on étend fon Blé fur un drap, & durant neuf jours en l'arofe foir & matin de la liqueur en queftion.

Le dixiéme jour on fème fon Blé, un tiers moins drû qu'à l'ordinaire. Le fuccès paie la peine, & dédommage amplement des frais.

Il ne faut pas être furpris de voir, qu'on emploie le vin dans ce procédé-ci. Le vin eft un grand agent pour la végétation. Il contient beaucoup de fel. Il eft certain que les Plantes aiment à boire du vin ; & que cette fève les met en belle humeur. *Cononherius* dit, que fi on abreuve les racines d'un Platane, ou Plane, d'un peu de vin, quelque moribond qu'il paraiffe, il fe réveille auffi-tôt, & pouffe avec diligence des branches d'une étenduë extraordinaire, *pag.* 70. Il eft vrai que Pline l'avoit remarqué, il y a plus de quinze cents ans. Nous n'ignorons pas, dit-il,

que les arbres font fort friands de vin,
Docuimus etiam arbores vina potare. Hift.
Nat. Lib. 1 2. cap. 1.

X. MULTIPLICATION.

Virgile nous aprend ce que les Laboureurs faifoient de fon tems, pour a-
voir d'abondantes récoltes. J'ai vû, dit-
il , plufieurs Laboureurs, qui mètoient
tremper leurs grains dans de la lie d'huile , où il y avoit du nitre , afin que les
épis fuffent plus grands & plus féconds.
Georgic. lib. 1.

Semina vidi equidem multos medicare fe-
      rentes ,
  Et nitro prius , & nigrâ perfundere
      murcâ ;
Grandior ut fœtus filiquis fallacibus effet.

Columella ,qui vivoit peu après Virgile., l'explique comme je viens de faire , & entend vrai - femblablement par
amurca , non du marc d'Olives , mais
de la lie d'huile ; puifqu'on ne fauroit
mètre tremper , macérer , amollir du
Blé dans du marc d'Olives. Les anciens
Laboureurs, dit Columella , & même
du tems de Virgile, ne femoient le Blé,
qu'après l'avoir mis tremper & macérer

dans de la lie d'huile, ou dans du nitre : *Priscis autem rusticis , nec minus Virgilio prius amurcâ , vel nitro macerari eam , & ita seri placuit . De Rustic. Lib. 2. c. 10. pag. 58.*

Pline aplique aux Fèves, ce que Virgile a dit en général des Semences. Virgile , dit-il , ordonne qu'on trempe , dans du nitre , & dans de la lie d'huile , les Fèves, pour les semer ; & promet de là une abondante végétation. Quelques-uns estiment que la multiplication est plus riche , si trois jours avant que de les déposer en terre , on les met macérer dans de l'urine & de l'eau . . . . Démocrite recommandoit qu'on mît tous les grains tremper dans le suc d'une plante, qu'on apelle *Aizoon,* qui craît sur les toits des maisons , & qu'on nomme en latin *Sedum ,* ou *Digitellum.* C'est aparemment la Joubarbe. *Virgilius nitro , & Amurcâ perfundi jubet fabam : sic eam grandescere promittit. Quidam verò , si triduo ante satum urinâ , & aquâ maceretur, praecipuè adolescere putant . . . Democritus succo herbae quae appellatur aizoon in tegulis nascens , tabulisve , latinè Sedum aut Digitellum , medicata seri jubet omnia semina. Hist. Nat. lib. 18. cap. 17.* Il faudroit avoir beaucoup de ce suc de Joubarbe , pour faire ce que veut Démocrite. Ce

secret eſt excellent, pour empêcher que
les vers, les inſectes ne rongent le Blé
durant les Hyvers trop doux. Comme
ils le ſont preſque toujours en Italie,
cette pratique y peut être d'un très-bon
uſage. Toutes ces obſervations nous
montrent quelle attention prodigieuſe,
les plus grands hommes ont euë, pour
rendre les récoltes plus belles, & plus
riches.

On ne ſauroit trop recommander l'u-
ſage du nitre, pour la multiplication des
Blés. Voici comme parle un Docte de
réputation, que tout Paris a connu, &
où il n'a pas été moins célèbre, que par
toute l'Europe ſavante. C'eſt M. Denis, Médecin du Roy : Il dit, que c'eſt
un ſecret ſurprenant pour la multiplication des grains, de les laiſſer tremper
quelques tems dans une certaine leſſive
remplie de ſel-nitre, avant que de les
ſemer. *Et j'ai vû ſouvent par expérience,
que tous les grains de Blé, que nous avions
ainſi préparés, pouſſoient chacun plus de
deux cens tiges à la ronde, & avoient autant d'épis, qui étoient remplis d'une confu-
ſion admirable de grains de même eſpèce.*
Conferenc. ſur les Scienc. pag. 166.

XI. MULTIPLICATION.

Il faut faire tremper le Blé , ou tout autre grain , dans de l'huile de Baleine , durant vingt-quatre heures. Après l'avoir tiré de là, on le faupoudre de chaux vive, où l'on a mis un peu de nitre pulverifé. Cela fait , on le laiffe fécher. Etant fec , on le féme fort clair.

Il eft aifé de reconnaître préfentement, que tout le fecret de la multiplication du Blé roule fur le fel-nitre ; & qu'il eft le principal acteur fur la fcène des terres enfemencées. Il n'y a là-deffus qu'un avis , & qu'une voix parmi tous les Philofophes.

Baris, dans fa Phyfique , dit : en certains grains, comme aux grains de Chennevis , il arive quelquefois des multiplications furprenantes : Et fi les Péres de la Doctrine Chrétienne font croyables, un feul grain d'Orge eft capable d'une fécondité monftrueufe. *Digby , qui m'a fourni l'exemple du grain d'Orge , dont les Péres de la Doctrine Chrétienne gardent les prodigieufes multiplications , veut , avec le Cofmopolite , que le* Limon falin , *foit de tous les limons le plus fertile ; & que fi les pluies font plus fécondes que les eaux ordinaires , c'eft parce*

qu'elles dégraissent l'air, & que l'air est rem-
pli d'une infinité de sel douceâtre. Des Plantes , pag. 115. & 116.

Saint-Romain, dans sa Science Naturelle , dit : Les Laboureurs fument
leurs champs , & brûlent leurs guérets ,
pour avoir un Blé mieux nouri , & une
plus grande abondance de grain. *Mais*
s'ils savoient tremper leurs grains dans un
dissolvant acide , ou en aroser leurs terres ;
il n'y en a point de si stériles , qui ne devins-
sent fertiles : & l'abondance du blé , qui en
viendroit , réjoüiroit le Laboureur. Part.
IV. chap. 4. p. 207. Cet Auteur se
moque , quand il parle d'aroser les terres de la matiere de la multiplication.
Le secret consiste dans la préparation
du Blé. Saint Romain auroit eu fort à
faire , s'il lui avoit fallu aroser , de son
dissolvant acide , toutes les terres de la
Beauce.

Il est fâcheux que M. Digby ne nous
ait révélé qu'à demi , le secret de la multiplication du Blé. C'étoit un Savant ,
qui en avoit fait lui-même l'expérience :
son seul procédé nous auroit tenu lieu
de tous les autres. Voici comme il parle
dans son Traité de la Végétation des
Plantes , pag. 53. 54. &c. Je trouve ,
dit-il , qu'il seroit ici fort à propos de
vous dire ; pourquoi les anciens Poëtes

nous ont écrit de longues histoires de
leur Déesse, qui avoit pris naissance du
sel ; & comment ils ont caché sous les
voiles du sel, le plus secret de leur Science naturelle : De même qu'ils ont toûjours voulu cacher sous le masque des
fables, leur plus profonde sagesse . . . .
Par le moyen du sel-nitre, que j'ai fait
dissoudre dans de l'eau, & mêlé avec
quelqu'autre substance terrestre convenable, qui peut en quelque façon rendre ce sel amiable, & familier avec le
froment, dans lequel je voulois insi-
nuer ledit sel-nitre ; j'ai fait ensorte
qu'un champ très-infertile, & très-mai-
gre, produisît une admirable & très-ri-
che moisson, & surpassât encore par
son abondance, celui, qui de soi étoit
très-fécond, & très-fertile.

De plus j'ai vû qu'un grain de Ché-
nevis, étant arrosé, & humecté de cette
même liqueur, a produit dans le tems
requis une si grande abondance de cha-
lumeaux, & de tiges, qu'on eût pû
dire, à cause de l'épaisseur, & de la dureté de ses branches, que c'étoit une petite forêt, agée de dix ans pour le moins.
Enfin Digby finit par dire : *Les Péres*
de la Doctrine Chrétienne de Paris, con-
servent encore chez eux une touffe d'orge,
qui contient deux cens quarante-neuf tuyaux,

*ou branches , qui prennent leur origine d'un
seul , & même grain : aux épis defquels ils
comptent plus de dix-huit mille grains. Ce
qui eft à la vérité tout extraordinaire : auffi
confervent-ils cela comme une chofe très-cu-
rieufe , & de remarque.*

Quelques-uns , pour la Multiplication du Blé , fe fervent du fel , qu'ils
tirent de la fameufe Plante nommée
Heliotropium , Tourne - fol , ou Soleil ;
parce que l'admirable fleur de cette
Plante , tourne , & fuit le Soleil.

Planis - Campy , dans fon *Hercule
Chymique* , parle des vertus de cette
Plante avec des raviffemens. Il ... ... t
extafié fur le chapitre de fa Clytie. C'eſt
ainfi qu'il nomme le Tourne-Sol. Il en
dit une particularité très-finguliere , &
qui regarde auffi la végétation des Plantes. Il raconte que la fleur de l'Eliotrope eft fi chargée de rofée , durant même la plus grande ardeur du Soleil ,
qu'en une demie-heure, on peut d'une
feule fleur , en la fecoüant doucement à
divers reprifes , tirer deux onces de rofée. Que ne dit-il point des vertus de
cette Rofée ! Il feroit dificile de fe l'i-
maginer. Il faut qu'il parle lui-même.
N'en riez pas , dit-il, *experimentez-le* : &
vous verrez que les cancers, loups, *Noli me tangere* , toutes fortes d'ulceres ,

morfures venimeufes, arquebufades, plaies, chaleur de foie, Pulmonie, douleur d'eftomac, palpitation de cœur, migraine, toute douleur de tête, gouttes, pefte, ladrerie, verolle, &c. lui cedent. Elle manifefte le poifon, en rompant le vaiffeau où elle eft : vaut aux enforcellemens ; délivre une femme en travail d'enfant ; eft finguliere contre l'épilepfie, & fes efpèces ; chaffe les démons des corps. Bref elle a tant de vertus, que fi elle n'étoit fi commune, il n'y a ni or, ni perles, ni pierres précieufes qui l'égalaffent. Car elle eft de telle vertu, qu'*Arnaud de Villeneuve*, a bien ofé dire, que quiconque en prendroit tous les jours un peu, avant que de manger, à peine mourroit-il . . . . . *auffi renouvelle-t-elle, & reftaure entierement un chacun fruit, chacune herbe, les Arbres parciilement. Qui poteft capere capiat.*

Planis-Campy, après avoir donné la maniere de tirer de cette Rofée une fubftance folide, ajoûte : *Or à cette fubftance, joignez à neuf parts une part de foulphre d'or*, & il n'acheve que par un *&c.* *Car*, dit-il, *il n'eft pas raifonable de découvrir, & divulguer le tout apertement.* Cela méne tout droit au grand œuvre, à la Pierre Philofophale. Voilà une bon-

ne chofe , mais en voulant aller trop
loin, Planis-Campy fe jete dans les vi-
fions ; & fans plus garder de mefure , il
affûre que *cette matiere introduit en l'hom-*
me une nouvelle jeuneffe , par confommation
de la vieilleffe , &c.

Il m'eft tombé entre les mains un
Livre, où il y a d'affez bonnes chofes :
Il a pour titre : *le Paradis terreftre*. Il eft
de la façon d'un Conventuel d'Avi-
gnon , nommé le P. Gabriel de Caffa-
gne. Cet homme n'eft guére moins gâ-
té , que Planis-Campy , fur le chapitre
de l'Eliotrope : Il faifoit en 1612. la
Médecine à Paris, où les Charlatans a-
bordent de toutes parts : & comme eux,
il parloit des Medecins avec beaucoup
de vivacité , & peu de cérémonie. Il fe
trouve certainement de beaux fecrets
dans fon Livre. Mais ce qui nous regarde particulierement ; c'eft l'eftime
qu'il fait de l'Eliotrope , qu'il appelle
Tourne-Soleil. Après avoir parlé de fa
fimpathie avec le Soleil, il prétend qu'il
n'y a point de maladie , pour incurable
qu'on la tienne, qui ne céde aux vertus
de cette Plante admirable.

Voici l'ufage qu'il en fait. Prenez ,
dit-il , un Tourne-Soleil tout entier
bien meur , & le mettez par petites piéces avec fes feüilles jaunes , & fa graine

dans une bouteille; & par-deſſus vous y
mètrez de bonne eau de vie, qui ſurna-
ge de quatre doigts. Bouchez bien la
bouteille , & la tenez dix jours au Soleil , & la nuit en lieu ſec. Puis ſépa-
rez l'eau de vie, & la gardez bien. Preſ-
ſez bien tout le marc, & joignez ce qui
en ſortira avec de l'eau de vie. On cal-
cine enſuite le marc entre deux pots
bien luttés. On tire le ſel des cendres,
& on le met diſſoudre dans la liqueur,
Vous avez alors un grand treſor. Don-
nez-en une cuillerée dans demi-verre de
vin blanc à jeun , cela guérit le *Noli me*
tangere , les Chancres , la Pierre , la
Gravelle. Ce remede eſt ſouverain contre la Paraliſie , l'Hidropiſie , & la Fié-
vre quarte , &c. 37. 38. 39. 40.

XII. MULTIPLICATION.

C'eſt de Porta , que j'ai pris cet admirable ſecret , pour parvenir à une extraordinaire multiplication , dans laquelle il promet de riches moiſſons , &
d'amples vendanges. Il eſtime même
que ce procédé eſt incomparable pour
les Plantes légumineuſes. Voici comme
il en parle. *Cette afaire* , dit-il , *eſt d'une*
utilité immenſe. D'un boiſſeau de Blé, il
en viendra plus de cent boiſſeaux. Il faut

pourtant obferver que le fuccès ne feroit
pas fi grand, fi le ciel, la terre, & les
faifons étoient dans un dérangement,
tel, que toute la Nature en eût à foufrir. Cependant la récolte fera toûjours
belle, quoique plus petite, que je n'ai
dit. Mais fi le tems eft favorable, un
boiffeau rendra au moins cent cinquante boiffeaux. Cela ne doit pas paffer
pour un paradoxe, fi on fe fouvient,
que le Gouverneur du *Bizacium*, Région d'Afrique, envoya à Néron une
touffe de Blé de trois cents quarante
tuyaux, qui étoient tous venus d'un
feul grain . . . . Nos Laboureurs n'en-
tendent rien dans leur profeffion. Ils ne
fe conduifent, que comme ils ont vû
aler leurs devanciers. Ils ne fe propofent
jamais d'aler plus loin. C'eft la raifon,
pourquoi on ne fait pas en ce pays - ci
des récoltes bien confidérables. Voici
comment il faudroit s'y prendre, pour
tirer de nos terres des moiffons dignes
de nos travaux, & qui répondent à nos
vœux.

Il faut conduire l'Epoufe à l'Epoux: On
ne la doit pas choifir d'enhaut, ni d'enbas ;
mais du milieu. Celles qu'on prend ailleurs,
n'ont pas affez de force. On la fépare par le
moyen du bain : Et l'ayant parfumée d'ef-
fence, & nourie de graiffe de vieilles Che-
vres,

vres, ou l'affocie à *Vulcain*, & à *Baccus*.
On lui chauffe un lit bien doux pour la coucher. Car c'eft par la chaleur virifiante,
qu'ils commencent à s'unir avec affection ; &
qu'ils s'atachent, & fe lient par de tendres
embraffements. La femence ainfi animée pro-
duira une pofterité puiffante, & nombreufe.
Il faut que la Lune y préfide par fa fécon-
de lumiere. Car ce qui eft fertile communique la fertilité. Il ne refte qu'à avertir, qu'il
faut à *Baccus* une femme qui n'ait pas perdu les cheveux ; parce qu'une femme, dont
la tête eft ainfi dépouillée de fon ornement,
eft méprifée par fon mari. Elle n'auroit pas
non plus de quoi fe garentir de chofes nuifi-
bles. C'eft affez feulement qu'elle n'ait point
de cheveux frifés. Etant ainfi moins parée,
elle plaira davantage à fon époux. Voilà
une Enigme dans toutes les formes. Je
ne fai d'où vient que Porta, qui s'aplique par tout à fe faire entendre, afecte
d'être ici obfcur. Cette longue allégorie
du mari, & de la femme, eft là tout-à-
fait mal placée. Je pardonnerois à un
Chymifte, qui promet d'enfeigner *le
Grand œuvre*, de parler ce langage inin-
telligible ; parce que comme il n'a rien
de bon, & de folide à donner, il fe
fauve auprès des fots, & des gens d'un
grand loifir, à la faveur de l'obfcurité &
d'un galimatias impénétrable. Tout ce

II. Partie.   C

que j'entrevois là-dedans ; c'eſt qu'il faut
choiſir de bon grain, celui qui ſort d'é-
pis bien barbus ; qu'il faut le mètre
tremper dans une liqueur graſſe , où il
y ait du vin , & qu'on ait miſe chaufer
ſur le feu ; & qu'il faut auſſi préparer la
terre avec ſoin , & ſemer en pleine Lune. Je n'en ſai pas davantage. Quelqu'-
un, plus verſé que je ne ſuis dans le ſtile
énigmatique des Chymiſtes , nous donnera la clef de cette allégorie.

I. OBSERVATION.

Si par hazard quelqu'un de ces ſecrets ne réüſſiſſoit pas en quelque lieu ,
il ne faudroit pas pour cela condamner
le procedé. Je ſuis perſuadé que le meilleur ſecret ne peut convenir à toutes
ſortes de terres ; comme je l'ai obſervé
après M. de la Quintinie. Il faut faire
l'expérience d'abord en petit , avant que
de ſe hazarder à faire beaucoup de dépenſe. M. Boyle eſt admirable ſur ce
point. Il a fait un Traité exprès touchant les expériences , qui ont réüſſi
une fois, ou deux ; & auſquelles on ne
ſauroit revenir. Peu de choſe change le
régime de la Nature , & fait manquer
une expérience. Quand on ne réüſſit
pas ; bien loin de ſe gendarmer , & d'a-

bandonner l'entreprife , comme fi elle
étoit téméraire ; il faut examiner avec
foin en quoi l'on n'a pas été exact. C'eft
ainfi qu'a raifonné M. Boyle en plufieurs
ocafions , où lui , & fes amis ne trou-
voient pas ce qu'ils efperoient. Il dit
des chofes fur ce fujet , très-eftimables ;
mais je ne m'aréte ici qu'à celles , qui
regardent les fecrets de la Végétation.

Je me fouviens , dit M. Boyle , que
le célébre Bacon , & plufieurs Phyfio-
logiftes affûrent , qu'il eft aifé d'avoir
des Rofes tardives , & qui ne viennent
que vers la fin de l'Autonne : Ils difent
que pour cet éfet il ne faut que couper
au Printems les bouts des petites branches, où les boutons des Rofes commencent à paraître. Cependant beaucoup de perfonnes ont effayé inutilement de faire cette épreuve. Après l'a-
voir trouvé fautive , on a conclu que
c'eft une de ces chiméres , dont les Na-
turaliftes entretiennent les gens crédu-
les. Pour aler à la vérité tout droit , je
déclare , dit M. Boyle , que j'ai apris de
mon Jardinier, que ce fecret manque
fur la plûpart des Rofiers, & qu'il n'y
a que ceux , qui ont beaucoup de force,
& de vigueur , fur lefquels on peut a-
voir par cette métode des Rofes en Autonne. Il faut même examiner de quel-

le efpéce de Rofes il s'agit : car enfin il eft certain que les Rofiers de Damas, ou Mufcats, donnent ordinairement des Rofes dans l'Autonne. Ainfi il ne faut pas fauffement atribuer à l'art, ce qui vient de la Nature. *Unde fieri poteft, ut quod naturæ proprium eft falsò arti atribuatur. Tentamina quæ non fuccedunt.* p. 42.

En éfet M. de la Quintinie dit : *'Quand les fleurs commencent à paraître fur les Rofiers mufcats blancs, s'il y a des jets qui n'en aient point, il faut les tailler à un pié & demi du bas : & à chaque œil il pouffera un jet, qui donnera auffi beaucoup de fleurs vers l'Autonne.* Pag. 116. de la culture des Fleurs.

2. Voici une autre obfervation de M. Boyle fur les expériences fautives. Il fe trouve des gens qui croient qu'il ne faut pas beaucoup compter fur ce qu'avancent plufieurs Auteurs : qu'il naît d'un même arbre des fruits de diférentes efpéces. Il contefte la chofe, parce que l'événement n'a pas répondu à ce qu'ils atendoient. Pour moi, ajoûte M. Boyle, je crai la chofe très-poffible, & j'ai vû vingt-trois fortes de gréfes fur un même Pommier, & qui produifoient, chacune felon fon efpéce, vingt-trois fortes de Pommes diférentes. Cela réüffit même à l'égard d'arbres de diférent

genre. Il n'y a pas long - tems, dit M.
Boyle, que j'ai eu le plaifir de cueillir
des Prunes, & des Abricots fur un même tronc, de qui nous efpérions encore d'autres fortes de fruits à noyau. Cependant en maticre de fruits hétérogè-
nes, c'eft-à-dire, de diverfe nature, il
eft certain, qu'il eft dificile de les faire
venir fur une même tige : enforte qu'on
peut fort bien ranger parmi les évene-
ments rares, douteux, & contingents,
ces charmantes expériences, où des Curieux ont vû des fruits de diférent genre fe noûrir hûreufement du fuc d'un
même arbre. *Verùm ut fructus admodum
heterogenei unius ftipitis fucco feliciter nutri-
antur, res eft tantæ difficultatis, ut experi-
mentis contingentibus meritò annumerandum
fit. p. 42. & 43.*.

3. Autre expérience douteufe. On ne
fai point, pourquoi de plufieurs gréfes
de Cérifier, il y en a qui donnent du
fruit dez la même année : & pourquoi
d'autres ne fleuriffent, & ne fructifient
que l'année d'après. Les Jardiniers ordinaires n'en connaiffent point la raifon.
Tout ce qu'ils favent, c'eft que cela a-
rive quelquefois, & n'arive pas toûjours.
Mais des Curieux très entendus dans
l'art de grèfer, ont reconnu que très-ra-
rement la grèfe manque de donner du

fruit, dez la prémiere année ; pourvû qu'on la prenne fur un arbre fort & vigoureux ; & que cette grèfe ait des boutons à fruit. Autrement, elle ne pouffera que des feuilles , & n'aura des fruits que la feconde année. Cette obfervation eft très-belle , & touche de trop près à l'utilité du Jardinage, pour ne la pas métre ici. *Pag.* 48. Tant il eft vrai, qu'en fait d'expériences , il y faut aler avec atention, & beaucoup d'exactitude.

II. OBSERVATION.

Quelques grandes que foient les reffources , que la Nature cache dans fon fein, pour la nouriture des Plantes, elles s'épuifent. *Si quelqu'un*, dit Paliffy, *feme un champ* par plufieurs années, fans le fumer, les femences tireront le fel de la terre , pour leur acroiffement : Et la terre par ce moyen fe trouvera dénuée de fel , & ne poura plus produire. Par quoi il faudra fumer, ou la laiffer repofer quelques années ; afin qu'elle reprene fa *falfitude* , par le moyen des pluies. .... *Des divers Sels. pag.* 233.

C'eft pour cela que de tout tems on a eu recours à la *ftercoration*; c'eft-à-dire, à la préparation du fumier, pour redonner à un champ fa fécondité épuifée.

Toute pénible qu'eſt cette voie , pour
rétablir les terres , on l'a pourtant conſi-
derée comme une choſe de la derniere
importance. L'Italie mit *Sturcutius* un
de ſes anciens Rois au nombre des Dieux,
pour avoir le prémier inventé l'art de
fertiliſer les terres par le fumier. *Italia*
Regi ſuo Stercutio , Fauni filio , ob hoc in-
ventum , immortalitatem tribuit : dit Pline.
Hiſt. Nat. Lib. xvii. cap. 9.

Les Grecs , qui veulent que tous les
arts viennent d'eux , diſent qu'Augias ,
Roi d'Elide , ſi fameux par le fumier
de ſes étables remplies de milliers de
bœufs , eſt l'inventeur de la ſtercoration ; & que Hercule , qui enleva tout
le fumier de ces étables , aprit à l'Italie
le ſecret de fumer les terres.

C'eſt ce que font encore aujourd'hui
les Laboureurs , & les Jardiniers. Ils
paſſent la plus grande partie de l'année à
ramaſſer les fumiers des Animaux. En
éfet il eſt certain que le ſel de leurs urines , & des autres excréments, aide mer-
veilleuſement à la végétation des Plantes. Ils cherchent par tout ce ſel ſi actif,
& ſi propre à mètre en mouvement les
germes des ſemences. Ils ont recours aux
fumées , à la colombine , à la ſuie , à la
pouſſiere , que l'on trouve dans les che-
mins , afin de remplacer la ſubſtance ni-

treufe, que l'eau a détrempée, noyée
détruite, ou épuifé par une Végétation continuelle.

On a encore cherché d'autres moyens
pour rendre les récoltes plus riches. Le
fils du Milord Bréréton, dit M. de
Monconys, aprit à l'Académie d'Angleterre, qu'un Gentilhomme de fa
connaiffance coupoit en certains tems
fes Blés verds : ce qui faifoit que chaque racine, ou grains produifoit jufqu'à
cent épis. M. Oldembourg crait qu'il
faifoit encore rouler quelque fardeau par
deffus, comme un rouleau de bois, pour
les fouler. On ajoute que le Blé étant
femé dans fon épi, il multiplie infini-
niment plus, que s'il étoit nud. On dit
encore qu'un nommé M. Paquer connait aux épis, lorfqu'ils font en fleur,
ceux qui ne font pas fujets à être brûlés
d'une certaine broüée, qui les grille; &
il les remarque, & les réferve, pour les
femer. Le remède contre ce mal eft d'a-
batre cette rofée, quand elle eft tombée
fur les Blés, en paffant deffus, une cor-
de tenduë. On raconte que dans la Province de Chechir en Angleterre, afin
d'empêcher ce grillement du Blé, on
laiffe celui qu'on veut femer vingt-quatre heures dans de la faumur, avec laquelle on mêle auffi du Bole : puis on le

féme au même inftant. Outre cela, ce fecret empêche encore que les oifeaux ne
le mangent. *Monconys , Voyage. Tom. ii.
pag. 62.*

Cela nous aprend que les Compa-
gnies , compofées de tout ce qu'il y a
de plus favant, & de plus grand dans le
monde, fe font une étude finguliere de
chercher le fecret de fertilifer la terre ,
& de multiplier les grains.

III. OBSERVATION.

Je ne me fuis apliqué à ramaffer ici
toutes ces diférentes manieres de multiplier le Blé, qu'afin d'être utile à tout
le monde. Car il y a de ces manieres ,
qu'on ne pouroit pratiquer qu'avec beaucoup de peine , & de dépenfe, dans des
Provinces , où les autres feront d'un facile ufage. Sur ce grand nombre de procédés , non-feulement on a la liberté de
choifir ce qui convient le mieux au pays,
mais d'ailleurs fur ceux-là , on fe peut
former de nouvelles ouvertures qui réüf-
firont peut-être encore mieux. Il y a
plufieurs matieres dans la Nature , qui
abondent en fels ; & toutes ces matieres font admirables pour la multiplication des grains , & pour la végétation
des Plantes. Il eft parlé dans la Répu-

blique des Lettres, d'un chou monſtrueux, que tout le monde aloit voir par
curioſité. La tige en étoit groſſe comme la cuiſſe, & cette tige ſoutenoit
ſept, ou huit pommes de chou d'une
groſſeur énorme. On ſe doutoit bien
que l'endroit, où il étoit, lui avoit fourni de copieux aliments; mais on ne
ſoupçonnoit pas ce qui pouvoit l'avoir
rendu ſi gaillard, & d'un volume ſi extraordinaire. Le tems vint qu'il fallut
l'aracher. On chercha vers le pié la ſour-
ce de ſon embonpoint : on trouva tout
joignant la racine, un ſavate, qui s'é-
toit rencontré là par hazard, & qui a-
voit amplement alimenté cette Plante
potagere. Il faut ſi peu de choſe, pour
aider la Nature, qu'on doit être ſurpris
de ce qu'on ne voit pas plus ſouvent des
productions ſingulieres & merveilleu-
ſes. Les Laboureurs, les Jardiniers, les
Vignerons ſuivent une certaine routi-
ne, qu'ils tiennent de leurs péres, &
qu'il n'eſt pas aiſé de leur faire changer
en des uſages plus utiles, & ſouvent
moins pénibles. Quand on eſt parvenu
à un certain âge, on ne veut rien aprendre ſur ſa profeſſion. On crairoit que ce
ſeroit retourner à l'école. Combien de
fois les vieux Médecins, dans le ſiécle
paſſé, ſe révoltérent-ils contre la circu-

lation du fang , qu'on venoit de découvrir ? Ces bonnes gens ne croyoient pas
qu'il y eût rien dans la Nature à aprendre
pour eux. Combien de combats , où
l'on a répandu beaucoup d'encre mêlée
de bile, fe font- ils donnez , pour empécher l'ufage de l'Antimoine , qu'on in-
troduifoit dans la Medecine avec tant
de raifon , & de fageffe ! *Le Savant qui
écoute , devient plus favant : Audiens fa-
piens, fapientior erit. Proverb. cap. 1. v. 5.*

CHAPITRE II.

*Cette Multiplication du Blé , qui
eft fondée fur la raifon, & fur l'expérience , fe fait avec fuccès dans
les Jardins , fur les Vignes , &
fur les Arbres fruitiers : & même
dans la famille des Animaux. Combien on augmente par ce moyen le
revenu des biens de la Campagne.*

CE que nous avons dit au fujet des
Germes, donne une grande ouverture , pour entendre tout le miftére de
la multiplication du Blé. Car enfin s'il
eft conftant que le Germe contienne

réellement la Plante qui en doit naître ;
tous les grains , & toutes les Plantes ,
qui en naîtront dans la succession des
siécles, c'est un acheminement à comprendre , que pour multiplier le Blé , il
ne s'agit que d'ouvrir le trésor enfermé
dans le sein de chaque grain , & de déveloper en un an ce qui ne se dévelope-
roit qu'en trois , ou quatre ans. En éfet
c'est-là tout le but de nos recherches. Il
s'agit de trouver un agent , qui soit propre à ouvrir , à déveloper une partie de
ce qui est renfermé dans le sein d'un
grain de froment. Nous disons donc ,
que ce que nous nommons multiplication , n'est pas une formation de germes nouveaux : ce n'est qu'une dilata-
tion du sein de la graine. Dans ce sein
si petit en aparence , mais si fécond, &
si vaste aux yeux de l'esprit , il y a une
infinité de germes : de petits embryons
de Plantes , qui y sont contenus ; & que
la succession de plusieurs milliers de siécles ne peuvent pas tout-à-fait déveloper , & encore moins épuiser. Il y a
dans un grain de Blé un fond , & un
trésor de fécondité inépuisable. C'est
un abysme , qui n'a ni fond , ni rive.
L'imagination s'y perd : mais qu'importe. C'est que cette étenduë de fécondité , qui ne reconnaît point de bor-

nes, n'eſt pas de ſa compétence. L'eſprit qui ſeul a fait cette découverte, par
une enquête éxacte, & par une induc-
tion certaine, doit ſeul connaître de
cette merveille. Il y a aſſez de Blé renfermé dans un ſeul grain, pour remplir
tous les Gréniers des Pharaons, Rois
d'Egypte.

S. Auguſtin avoit bien compris cette
ſurprenante Phyſique, quand il faiſoit
tant valoir ce que la nature cache à nos
yeux dans chaque grain de Blé. Il y a,
dit ce Saint Docteur, des choſes, que
nous foulons ſons nos piés, qui ſur-
prennent, & qui raviſſent, quand on les
conſidére atentivement. On ne peut s'en
ocuper, qu'on ne s'extaſie. La force, & la
fécondité inépuiſable des ſemences, eſt
une de ces choſes, où l'imagination ſe
déroute, & ne ſait où elle en eſt. *Quàm
multa uſitata calcantur, quæ conſiderata
ſtupentur, ſicut ipſa vis ſeminum? Epiſt. iii.
ad Voluſian.*

A voir ce que la Nature fait dans les
Arbres, on auroit lieu de craire, qu'un
Arbre tout entier, ſa racine, ſon tronc,
avec ſes branches, & peut-être ſes feüilles, n'eſt qu'un aſſemblage, & un compoſé d'une infinité de petits embryons,
d'où naîtroient, ſi l'art vouloit aider la
nature, une infinité d'Arbres de la mê-

me efpéce. C'eſt en éfet ce que feroit
la Nature, ſi l'art ſe métoit de la partie.

Quand je dis qu'un tronc d'arbre, &
ſes feüilles mêmes ne ſont véritablement qu'un amas de petits embryons
d'arbres, je parle férieuſement. Tout
l'arbre n'eſt qu'un compoſé de graines,
& de germes, d'où il n'eſt pas impoſſible de faire naître d'autres arbres.

Le Curieux *Joannes - Baptiſta Trium-
fetti*, entre les belles expériences, qu'il
a faites, il en raporte une, qui nous met
au fait que j'avance. Il a planté de très-
petits morceaux d'une plante de Tithy-
male, qu'il avoit mis en pièce. De chaque petit morceau, il en eſt venu autant
de Tithymales de diférentes eſpèces ;
ſavoir, le *Characias*, le *Myrſinites*, le
Cypariſſias. Voilà une propagation d'u-
ne maniere aſſez nouvelle. Et ce qu'il y a
encore de curieux, c'eſt la varieté des
eſpèces, quoique le tout vînt du débris
de la même Plante. *Inter alia tentamina
curioſa notavit è minimis fruſtulis Tithymali
variarum ſpecierum enatas plantas, Tithy-
malium Myrſinitem, Chariacam, & Cy-
pariſſinam. Act. Eruditorum. Aprilis,* 1686.
pag. 218.

Tant il eſt vrai que tout eſt graine,
& ſemence dans les Plantes. Il ne s'agit
que d'ouvrir, & de déveloper tous ces

germes concentrés dans toute la fub-ftance de chaque végétal.

Cette vérité va encore paraître avec de nouvelles lumieres dans les expérien-ces , ou les dévelopemens , que l'on va faire fur un Saule. Il ne faut qu'un peu d'atention.

Que l'on étête un Saule , il renaîtra au haut , & le long du tronc une cen-taine de rejetons , & de branches nou-velles; dont il n'y avoit aucune trace aux endroits , d'où elles pouffent. Et fi on coupoit ces rejetons , il en pouffe-roit d'autres par ailleurs.

Ces cent rejetons après un certain tems , fichés en terre , produiront cha-cun cent autres Saules.

Ces dix mille Saules , qu'on étêtera à leur tour , nous affûrent pareillement de cent Saules chacun. En voilà un mil-lion ; puis cent millions; enfuite une di-xaine de bimillions ; les trimillions vien-dront. Et à moins d'être Mathémati-cien, on fe perd ici dans ce calcul, & on eft forcé de lâcher pié. Si on joint à tous ces Saules ceux que le Saule trifayeul a continué de produire de fon côté , de-puis ce tems-là , & qu'on veüille pouf-fer la Progreffion Géométrique plus loin ; cette poftérité de Saules montera fi haut , que la tête tournera au Mathé-

maticien même. Telles font les richeffes ; tels font les tréfors de la Nature.

La multiplication eft donc le dévelopement de ces germes concentrés,
pliés, envelopés dans le grain. Dans le
germe d'un grain de froment, outre le
principal tuyau qui doit fortir cette année, il y en a d'autres enfermés, que
j'apelle latéraux, ou jumeaux, qui for-
tiroient aufli, s'ils étoient dévelopés
par quelque agent rempli de la vertu
germinative. Je dis encore plus : le tuyau principal qui renferme une grande &
réelle poftérité, peut être ouvert par le
même principe de germination, & produire dez cette année, ce qu'il réfervoit
pour les années fuivantes. Ainfi toute
notre multiplication ne tend qu'à obtenir, par une voie Philofophique, la récolte, que l'on n'auroit par l'Agriculture ordinaire, qu'en trois, ou quatre années. Outre ce germe, qui fe vient de
manifefter par un tuyau bien verd, &
de belle efpérance, il y en a dans ce
grain de blé, une infinité d'autres, qui
ne font qu'atendre qu'on rompe leurs
liens, & qu'on les mète en liberté, pour
fe produire aufli. La liqueur, dont nous
nous fervons, pour macérer le grain, &
pour le gonfler, ne fert qu'à hâter, &
avancer une germination que le Labou-

teur peu intelligent abandonne pour les années suivantes. C'est une espèce de *superfétation*, de *sur-confection* ; par laquelle un grain de blé conçoit, & porte divers fétus, qui, dans l'ordre commun de la Nature, ne devoient naître que successivement, & dans des années diférentes.

La Nature fait quelquefois d'elle-même ces dévelopements précipités, & ces superfétations, qui font des monstres dans la famille des Végétaux.

EXEMPLES.

Les Savants d'Alemagne parlent d'un Citron merveilleux, qui en contenoit deux autres, dont l'un étoit très-parfait, meur, & plein de pepins. Le second n'étoit qu'un embryon de Citron. *Ephemarid. Curiof. Nat.* 1673. *Obfervat.* LIV. *pag.* 46. Dans le même endroit, il est fait mention d'une triple Rose ; ou, si l'on veut, d'une Rose, d'où il en sortoit deux autres, distinctes & élevées au-dessus. *Obfervat.* LV. Sans doute ces dévelopements prématurés ont été causés par quelque abondante humeur saline de la terre : & deux de ces Roses, qui ne devoient paraître qu'en 1673. se font produites dez 1672. Nous ex-

pliquons de la même maniere une autre Rose, du cœur de laquelle il en for-
toit une toute blanche, belle & acompagnée de feüilles & de boutons.

Dans l'Observation cxli. paraît un
autre Citron, qui en renfermoit un autre d'une beauté singuliere.

Le P. Ferrari, Jésuite, si savant
dans la belle Physique, nous aprend
que ces fruits monstrueux, & ces superfétations ne sont point du tout rares
dans la Toscane ; sur tout du côté de la
Mer, & dans les environs de *Pietra-san-*
ta ; parce que, dit-il, les vapeurs sali-
nes, & tièdes de la mer voisine mètent
dans cette contrée toute la Nature en
belle humeur. Les terres y sont fertiles.
Là, règne un éternel Printems. Les arbres toûjours fleuris, crévent des aliments excessifs, que le terroir leur pré-
sente ; & de quelque côté qu'on se tourne, on voit partout des fruits jumeaux,
des superfétations inconnuës ailleurs,
& cent végétations monstrueuses : *Pro-*
venire limonem prægnantem in Ætruria....
ac propter maris proximi egelidi habitum ma-
re fertili. Arbuscula ut flore assiduo ver a-
gere perpetuum. Hesperid. lib. 3. cap. 19.
p. 263. Au reste cet habile Physicien
remarque qu'il n'y a point d'arbres, où
la Nature fasse plus de singeries, que sur

le Citronnier. On trouve là des Citrons
qui ont des doigts. Il y en a où l'on
voit une main fort bien figurée. D'autres ont deux mains jointes. C'eſt à cette ocaſion, qu'il dit fort agréablement,
que la Nature toute gaillarde ſe divertit
là à faire que des arbres acouchent de figures humaines : *Et arboreo partu partes
audet humanas ludere. Heſperid. Lib.* 3.
c. 6.

L'Obſervation c x v. nous peint trois
plantes de *Sègle* extraordinairement
chargées d'épis. On noublie pas de remarquer qu'elles avoient végété en un
endroit ſucculent, qui avoit fourni tout
ce que leur apétit pouvoit déſirer : *pag.*
1 5 3. Tout cela s'eſt fait par hazard.
L'induſtrie des hommes n'a point de
part là-dedans.

C'eſt donc aux *Laboureurs* à aider, par
leur travail, & par leur capacité, à ces
dévelopements, auſquels la Nature donne d'elle même. On ne le ſauroit trop
dire. Il y a dans un ſeul grain de Blé
bien dévelopé, dequoi nourir les cinq
mille hommes, que nôtre Seigneur raſ-
faſia de cinq pains d'orge ſur la Montagne, *S. Jean, cap.* 6. S. Auguſtin,
auſſi grand Philoſophe, que Théologien,
dit ſur ce miracle, qu'il eſt étonnant
que les hommes en ſoient ſi fort frapés

d'admiration , pendant qu'on n'est point touché de ces œuvres incomparablement plus merveilleuses, que Dieu fait tous les jours , comme sont celles de sa Providence , par lesquelles il gouverne le monde , & préside à toute la Nature. On n'en est point surpris, parcequ'on voit ces merveilles tous les jours: *ass. duate viluerunt.* C'est ainsi que personne ne fait attention à ce trésor inépuisable , que Dieu a renfermé dans chaque grain de Blé. *Ita ut benè nemo dignetur attendere opera Dei mira , & stupenda in quolibet seminis grano.* On s'étonne que cinq mille hommes aient été nouris de cinq pains : c'est qu'on ne songe pas , que la vertu qui a multiplié ces cinq pains entre les mains du Sauveur, est la même par laquelle tous les ans quelques grains semés rendent de si abondantes moissons. Ces cinq pains étoient comme des semences ; non pas à la vérité déposées dans la terre ; mais entre les mains de celui qui a fait la terre , & qui l'a renduë enceinte de tous les sels , d'où les grains tirent, tous les ans, le dévelopement de leur fécondité : *Panes autem illi quinque , quasi semina erant , non quidem terra manducata , sed ab eo , qui terram fecit , multiplicata.* Tract. 24. in Joann.

Une si bonne Physique trouvera des Patrons par tout. M. Dodart, de l'Académie Royal des Sciences, & si connu à la Cour par sa pieté & par son érudition, raisonnant sur la multiplication du Blé par art, l'explique par le dévelopement des germes. J'ai crû long-tems, dit-il, qu'un grain de froment ne pouvoit pousser qu'un tuyau; mais j'ai eû entre mes mains deux troches de froment, dont l'une sembloit contenir plus de cent tuyaux, & l'autre plus de soixante. Celui qui m'avoit mis ces troches entre les mains, vouloit prouver par là, qu'une liqueur, dans laquelle il assûroit avoir mis tremper les deux grains de Blé, d'où il disoit que ces deux troches étoient issuës, augmentoit à l'infini la fécondité naturelle du froment. Je laisse à part le fait de la préparation, qui peut être vrai, au moins en partie; puisque M. l'Abbé Gallois en a vû quelques épreuves, quoique moins fortes, n'alant qu'à huit ou dix tuyaux sur un pié. . . . Si c'est une vraie muliplication du germe d'un seul grain en plusieurs tuyaux; & si la préparation en est la cause, il y a beaucoup d'aparence, que cette humectation d'une graine humide par une liqueur, *ouvre les conduits du germe*, contenu dans la graine : De forte que tombant dans une terre bien cultivée & fucculente, il y rencontre toute la fève néceffaire, pour mètre au jour tout ce qu'il y a de reffources naturelles. *Mémoires de l'Académie Royale des Sciences.* 1700. *pag.* 157.

M. Dodart parle enfuite d'une autre forte de froment, dont la fécondité eft étonnante. J'ai vû, dit-il, chez M. le Préfident de Tambonneau deux piés de ce froment, que G. B. apelle *Triticum fpicâ multiplici.* L'un de ces piés avoit trente-deux tuyaux. Il y avoit dix épis fur chaque tuyau. Chaque épi avoit trente grains : & l'épi du milieu du tuyau en avoit trente-fix. Si l'on multiplie tout cela, on trouvera trois cent-vingt épis, & neuf milfept cent quatre-vingt douze grains de Blé, venus d'un feul grain. *pag.* 159.

La multiplication apliquée aux Vignes, aux Arbres fruitiers, aux Fleurs, aux Légumes, & même aux Animaux.

Par les raifons & par les expériences, que j'ai raportées, on augurera aifément, que cette multiplication peut également fe faire fur les *Vignes* & fur les *Arbres fruitiers.* Cela fuit néceffairement &

évidemment des principes que j'ai posez. Les personnes acoûtumées à raisonner par principes, & consequemment, m'auront déja prévenu là-dessus. Il n'est donc plus question, que de savoir, comment il s'y faut prendre.

1. Pour planter des Vignes, ou des Arbres, on fait un trou à l'ordinaire, le plus étendu est le meilleur. On met au fond deux pouces de bonne terre, on y place la Vigne, ou l'Arbre; puis à la racine on met de la matiere de la II. Multiplication. Si on y en met beaucoup, la Plante végète, meurit plûtôt, & fructifie plus abondamment. Ensuite l'on jète de la terre dessus, & de dix ans il ne faut y toucher. Point se laboure, point de fumier. Il y a du fruit dez la seconde année.

Si les Vignes, ou les Arbres sont en place, l'on en découvre le pié à un pouce près des racines, & l'on y verse pareillement de la liqueur de la II. Multiplication. Cela fait, on remet la terre sur les racines, sans parler d'y travailler de plus de dix ans. Il faut avoir soin d'aracher les méchantes herbes, qui pouroient craitre au pié, & se nourir de ce qui n'est point destiné pour elles.

Les Arbres, qu'on alimente de la sorte, se renouvellent, deviennent forts,

& pleins de fève & de vigueur. Ils portent une abondance de fruits, qui étonne, & qu'on ne comprend pas. Ces fruits
font de meilleur goût, & beaucoup
plus gros, & plus beaux qu'à l'ordinaire. Et ce qui eft très-confiderable ; c'eft
que les mauvais tems leur font moins
d'outrage.

Après avoir parlé aux Laboureurs,
il faut ici animer le courage des *Vignerons*, & les affûrer : que s'ils traitent
ainfi leurs Vignes, ils auront des vendanges plus belles, qu'ils n'ofent le defi-
rer.

Les *Fleuriftes* triomferont auffi. Ils
n'ont jamais vû Flore fi favorable à
leurs vœux. Tout confpire à leur donner des fleurs, plus doubles, plus grandes, plus vives, plus variées, que tout
ce que les plus fucculents parterres leur
ont jamais préfenté. Soit que les fleurs
viennent de graines, d'oignons, de racines, de marcotes, de boutures, &c. nôtre Matiere univerfelle bien & dûëment
ménagée fur toutes ces chofes, doit faire
efpérer de voir des monftres, & des productions inconnuës, & toutes admirables dans l'Empire de Flore. On aura
davantage de fleurs : elles feront plus
groffes, & d'une odeur plus fine, & plus
agréable. Quels Œillets! Quelles Anémones!

mones, quelles Tulipes n'aura-t-on pas ?
Il y aura par tout du fublime , & du
merveilleux.

Les Jardiniers,qui cultivent les Plantes potagéres , feront par là leur fortune. Il me femble que je vois déja,
dans nos marchés , des choux , des laituës , des chicorées , des mélons , &c.
d'un volume , d'un goût , d'un parfum
aufquelstous les fiécles paffés n'ont rien
vû de comparable. On aura des poix ,
des féves trois femaines plûtôt. Les fraizes ne s'endormiront pas ; elles paraî-
tront déformais fur la fcene des bonnes tables dans un tems , où autrefois
elles n'achevoient qu'à défleurir.

Quitons préfenten ent les campagnes
enfemencées , les Jardins fruitiers , &
potagers , où tout pouffe , & végète
d'une maniere hûreufe , & nouvelle; &
entrons dans les Ménageries. Il faut que
l'agréable abondance règne par tout. La
famille des Animaux n'eft pas moins
digne des miracles de la multiplication,
que la famille des Végétaux.

Les Animaux ne feront que craître ,
& embellir , fi on moüille leur fon , ou
fi on trempe leur grain avec la liqueur
de la Multiplication. Il y faut fans doute de la propreté : cette liqueur doit
être plus claire , & plus néte que pour

II. Partie.   D

le grain, où le limon même eſt d'un
utile uſage. Je voudrois donc que l'on
compoſât une liqueur exprès pour les
Animaux, bien filtrée, bien préparée,
dont le nitre ſeroit la baze ; & dans laquelle l'on ne mètroit que des ſels de
Plantes en fleur, & en graine. Il faut
laiſſer un peu imaginer le reſte à ceux
qui aiment l'innocent ménage de la
campagne. J'en ai aſſez dit, pour que
des perſonnes qui y ſont mieux enten-
duës que je ne ſuis, aillent plus loin,
que je ne les mène.

Je ſai par expérience que d'un cheval, dans l'avoine duquel on a mis un
peu de cette liqueur, on en tire des ſer-
vices, qui ne ſont pas imaginables. Il
n'eſt rien qu'il ne franchiſſe, & point
de mauvais pas, d'où il ne ſe tire. Si les
Pallefreniers pratiquoient ce ſecret, on
ne perdroit pas tant de chevaux à l'ar-
mée ; & d'autant plus, qu'ils réſiſtent
par là parfaitement bien aux maladies
contagieuſes, qui ſe mètent de tems en
tems ſur les bétes.

Les Laboureurs, les Rouliers, qui
ſont ſouvent ruinés par la perte de leurs
chevaux, de leurs bœufs, & de leurs
autres beſtiaux, ne ſeroient plus expoſés
aux mêmes déſolations.

Les vaches indemniſent par une ex-

traordinaire abondance de lait, des frais
que coûte la liqueur. Les poules paient
en œufs.

Tout multiplie. Les troupeaux, les volailles ne font pas reconnaissables. Tout
est vif, alerte, & gaillard dans la baffe-
cour. Et comme de tous les ménages,
celui qui regarde les bestiaux, est le plus
lucratif, & qu'il l'a toûjours emporté
sur la culture des Blés, & des Vins, on
ne sauroit trop estimer un secret, qui
favorise la multiplication des Animaux.
Les Patriarches les plus riches, n'é-
toient ni Laboureurs, ni Vignerons :
Ils étoient Pasteurs de troupeaux. Auf-
si le commerce de Bestiaux a-t-il été
de tout tems le plus enrichissant ; & les
pays de pâturages font les plus opulents.

I. OBSERVATION.

I. Sans qu'il y ait aucune éxagération,
on peut affûrer que le revenu d'un Bien
de la campagne, par cette multiplication, augmentera considérablement. Je
fupofe qu'on n'exécutera que fort im-
parfaitement nos diverfes manieres de
multiplier le Blé ; & que la récolte ne
répondra pas à ce que certaines gens ont
publié de fecret ; favoir que la multiplication va ordinairement à deux cents

cinquante épis sur une seule tige. Je
n'en mets que vingt. Il y en aura davantage sur un grand nombre de tiges. Par
la culture ordinaire il y avoit peut-être
quatre épis par la tige. Hé bien, je me
renferme là. Une terre qui donnoit en
Blé mille francs par an, donnera cinq
mille livres. Une terre de cinq mille livres, en vaudra vingt-cinq mille. Les
vignes, les arbres fruitiers, la ménage-
rie à proportion. Il n'y a rien là d'ou-
tré.

II. Voici les autres avantages. 1. Jamais la terre ne se repose. 2. Elle peut
tous les ans porter du froment. Point
de fumier, à moins que l'on n'en ait,
dont on ne sache que faire : Il ne gate
rien. 4. Un seul labour sufit. 5. On ne
séme qu'à demi-semence, ou les deux
tiers tout au plus. 6. Il faut moins de
chevaux, ou de bœufs, pour labourer.
7. Le Blé en résiste mieux aux pluies
fortes, & au gros vents, qui font ordinairement verser les Blés. Les tuyaux
sont plus forts, & se relevent. 8. Il est
moins sujet à la nielle, & se défend
mieux contre les broüillards, qui gâtent les Blés, quand ils sont prêts à meurir. 9. Dans les bonnes terres, les tiges
font des rejetons, & poussent de nouveaux tuyaux pour la seconde année. Sur

ce pié-là, fans labourer, ni femer, on
auroit une feconde récolte. 10. Ceux,
qui favent un peu les intérêts du ménage de la Campagne, ne craignent rien
tant que les Récoltes, & les Vendanges tardives, parce qu'elles font fu-
jetes à de grands inconveniens, &
qu'ordinairement elles ne font pas bonnes. Par le moyen de nôtre multiplication, le Blé, & le Raifin font meurs
plus de quinze jours plûtôt. 11. On ne
fait point d'atention, difent les Savants,
d'Alemagne dans leurs Journaux, à la
caufe des maladies populaires, qui dé-
folent quelquefois la Ville & la Campagne. Elles viennent des Blés gâtés
par les broüillards & les mauvaifes pluies
qui furviennent quand les moiffons commencent à meurir. Les Vins verds y
contribuent auffi. Les fiévres pouprées
qui firent tant de mal en 1693. & 1694.
venoient des moiffons gâtées, & de vins
faits de raifins, qui n'avoient pas acquis
une parfaite maturité. La multiplication par le nitre empêche que l'intem-
périe de la faifon, & les mauvaifes vapeurs de l'air ne nuifent aux Blés, &
aux Vignes. Le nitre qui y domine, ne
s'allie qu'avec le nitre même de l'air, &
empêche la corruption. Ce fel tout di-
vin entroit dans la compofition, dont

les Egyptiens embaumoient les corps,
qu'ils vouloient mètre au-deſſus des at-
teintes de toute pouriture ; en quoi ils
réüſſiſſoient parfaitement bien.

Feu M. le Prieur de la Perriere, qui
diſtribuoit des remèdes dans la ruë de la
Raquette, fauxbourg ſaint Antoine,
poſſedoit le ſecret de la multiplication
du Blé. J'ai vû chez lui, & ailleurs, de
charmantes expériences, qui juſtifient
la réalité de cette multiplication. Mais
ce qui gâtoit en lui tout le mérite de
cette connaiſſance ; c'eſt qu'il eſtimoit
ce ſecret infiniment, & qu'il s'étoit mis
en tête qu'il n'y avoit qu'un grand
Roy, qui pût le lui payer. C'eſt ainſi
qu'il en parloit dans des livres qu'il diſtribuoit. *Nous n'avons jamais enſeigné,*
& nous n'enſeignerons jamais cette multipli-
cation, qu'à une ſeule perſonne, comme à
un Souverain, qui voudroit ſoulager ſes ſu-
jets, & donner l'abondance à ſon Etat. Il a
tenu ſa parole : il eſt mort ſur la fin de
l'année 1704. ſans s'en être ouvert à
perſonne. Je ſai cependant de fort bon
endroit, qu'il n'avoit encore rien de
bien arêté là-deſſus, & qu'il cherchoit
à perfectionner ſa pratique, dont il n'é-
toit pas encore tout-à-fait content. Le
peu de choſe qu'on a trouvé dans ſes pa-
piers ſur ce point, donne lieu de craire

que nôtre II. Multiplication eſt celle
même, dont il ſe ſervoit ; & ce qui me
confirme entiérement dans cette opinion, c'eſt le ſoin qu'il avoit de faire
ramaſſer à ſes gens les diférentes choſes, qui entrent dans la compoſition de
l'*Eau préparée, & de la Matiere uni-
verſelle*.

II. OBSERVATION.

Quelque ſoin, que j'aie pris, de donner de la certitude , & de l'évidence à
ces pratiques de l'Agriculture , il y aura pourtant toûjours de ces gens, qui
ſont naturellement contrariants , par la
mauvaiſe diſpoſition de leur cœur , &
de leur eſprit , & qui ne ſe piquant pas
beaucoup de probité , ne manqueront
pas de continuer leurs mauvaiſes décla-
mations , & de publier , que le ſecret
d'amender les grains , & la terre , n'eſt
qu'une chimére. Comme j'ai laiſſé tomber leurs invectives , je n'ai point deſſein
de les reveler ici. Cela s'eſt détruit de
ſoi-même. C'eſt une choſe faite : mais
l'afection que j'ai pour le bien public ,
m'oblige à avertir les perſonnes capables
de raiſon , qu'il n'eſt rien de plus conſtant , qu'il y a un art de procurer au ter-
ſoir le plus ingrat, une heureuſe fertili-

D iiij

té , & que par ce travail on tire de la
terre tout ce qu'on en veut tirer. Par le
fecours des fumiers, on échaufe le terrain le plus froid , & par les arofements
on rend fertiles les fonds les plus arides ,
les plus brûlants , & les plus ftériles. Je
ne comprends pas , comment on peut
avoir le front de contefter une chofe fi
évidemment certaine , & confirmée par
l'expérience. Polybe obferve , que fous
Maffiniffa la Numidie devint abondante en toutes fortes de fruits , qui auparavant étoient tout-à-fait inconnus dans
le pays. Avant ce Prince, qui rendit les
Numides polis , laborieux , & qui leur
aprit à cultiver la terre , comme dit
Strabon : *Maffiniffa Numidas civiles, &*
Agricultores reddidit: Geograph. Lib.xvii.
pag. 561. cette Nation farouche ne con-
naiffoit que les Dattes , & les Palmiers,
qui portent ce fruit. Ainfi , quoi qu'en
puiffent dire nos Contradicteurs , il eft
certain que par le travail , & l'aplication , on vient à bout de furmonter la
ftérilité du plus mauvais terroir , & de
vaincre l'inclémence du Ciel le plus
dur , & le moins favorable. Il eft hûreux de naître dans des régions naturellement fertiles , où pour un grain de blé
on en recueille cinq cents, & qui donnent d'excéllens Melons pefants cent

trois livres ; des Laituës de fept livres
& demie ; des Raves de plus de deux
aûnes de longueur , & qu'à peine un
homme peut embraffer : comme il en
croît dans le Pérou. *Garcilaffo de la Véga,*
Hift. des Incas. Liv. ix. c. 29. Il n'en
coûte pas tant de peine , & les fruits
vont fouvent au delà de tout ce qu'on
pouroit efperer. Mais il faut pour cela
une terre telle , qu'Otoniel en faifoit
demander une à Caleb : *Vous m'avez*
donné une terre toute feche ; ajoûtez-y-en
une autre , où il y ait des eaux en abondan-
ce : Terram arentem dedifti mihi ; da , &
irriguam aquis. Judic. cap. 1. *v.* 1 5. En
éfet , quelque brûlant que foit un Climat , on y fera des prodiges en fait de
Végétation , par le fecours des arofements amples , & fréquens. C'eft pourquoi Philoftrate , dans fes Tableaux ,
répréfente Neptune le Dieu des Eaux ,
équipé en Laboureur , qui conduit une
charuë tirée par un joug de bœufs , pour
faire comprendre la néceffité qu'a la terre d'être bien arrofée ; fans quoi on no
peut rien efpérer du labourage : *Philoft.*
Tabl. intitulé les Ifles. Sur quoi Vigené-
re ajoûte , qu'*il faut que dans l'Agricultura*
Neptune intervienne , comme l'auteur de tou-
te fertilité & végétation. Ce que je remarque exprès , afin d'encourager ceux qui

D v

ont des fonds de terre peu propres par
eux-mêmes, à répondre à l'attente du
Laboureur. On peut se prométre tout
d'un travail continuel. La Terre, pour
peu qu'on lui donne d'amendement,
paie avec usure la peine, qu'on prend à
la cultiver. Quel contentement d'avoir
forcé la Nature, par l'aide de l'Art, à
nous donner dans des terroirs arides,
toutes les douceurs, & tous les fruits,
qu'on ne tire d'ordinaire que des terres
grasses & fécondes ! Ainsi ne nous las-
sons jamais de remuer, d'amender la
terre, d'y semer, & d'y planter. Par là,
dit un Savant, on se file de longs jours
tout de soie, & d'or. Marc Paolo as-
sûre, que les Astrologues du Grand
Cam, lui faisoient acraire, qu'il n'y a rien
qui fasse vivre plus long-tems, & plus
agréablement, que de planter une grande quantité d'arbres. Si cela n'est pas
tout-à-fait vrai, du moins est-il certain
que la satisfaction qu'on en retire, peut
beaucoup contribuer à nous faire une
vie douce, & innocente. *Marc. Paol.*
L. II. c. 22.

CHAPITRE III.

Ce qu'il faut observer, pour faire un Jardin agréable, & utile.

UNE terre est véritablement bonne, quand elle fait d'elle - même des productions fortes, & nombreuses; sans qu'elle paraisse jamais épuisée. Lors qu'on voit dans un fond des Plantes craître à vûë d'œil, se tenir toûjours vigoureuses, & ne céder qu'à l'extrème rigueur des gelées, on ne doit point douter, que le terroir n'en soit très-propre à la Végétation. C'est dans ces sortes de fonds, que se produisent ces *moissons riantes*, dont parle Virgile, & qu'il peint si naïvement, en les nommant *latas segetes. Georg.* 1. C'est-là, que Cérès, Baccus & Pomone nous donnent de riches, & délicieuses récoltes. *Georg.* 2.

Altera frumentis, quoniam favet, altera Baccho.

Mais aussi il y a des terres tellement mauvaises, que, quelque soin qu'on a-

porte à les cultiver , elles ne répondent
jamais ni aux travaux , ni aux efpéran-
ces d'un Laboureur , ou d'un Jardinier
vigilant , & foigneux. Elles font comme ces montagnes de Gelboé , dont parle l'Ecriture, & qui furent frapées d'un
anathème éternel , & livrées à une ftérilité invincible : *Montagnes de Gelboé ,
que la rofée , & la pluie ne tombent jamais
fur toi. Qu'il n'y ait point fur tes côteaux
de champs, dont on ofre les prémices.* 2. Liv.
des Rois , chap. 1. v. 21.

Il eft certain, qu'il y a des fonds tellement arides , défectueux , & ftériles
par eux-mêmes, que l'Art tenteroit inutilement d'en corriger la malignité. Ce
feroit mal placer fon travail , que de s'o-
cuper à la culture d'une terre ingrate ,
opiniâtre, & incorrigible.

Si l'on avoit à choifir , il faudroit fans
doute ne donner fes foins , & ne confier fon Blé , fes Vignes , fes Arbres ,
& fes Plantes , qu'à des terres excelen-
tes : mais comme elles font rares , il fe
faut fouvent contenter des médiocres ,
dont une bonne culture ne laiffe pas de
tirer d'amples reffources.

Il y a cependant de triftes , & mauvaifes fituations , dont on eft forcé de
s'accommoder , & dont une grande dépenfe vient à bout de vaincre les in-

commodités ; & le mauvais naturel. Mais combien y a-t-il *peu de ces hûreux mortels , que le Grand Jupiter a mis en état de faire de pareilles entreprises ?* Le Potager du Roy à Verſailles , eſt la plus belle choſe , qu'il y ait au monde dans ce genre-là. La grandeur , & la magnificence de ce Monarque , ſingulier en toutes choſes , y éclatent d'une maniere , qui ſaiſit les moins ſenſibles , quand ils aprennent comment s'eſt formé ce Jardin merveilleux.

Le lieu , où eſt aujourd'hui ce Potager , étoit un grand Etang , un Marais , & l'égoût des Montagnes voiſines ; & par conſéquent l'endroit le moins propre qui fût jamais , pour l'uſage , auquel on le deſtinoit. Le tems , & la dépenſe ont fait violence à la Nature , & ont formé un des plus grands miracles de l'Art. Il a fallu remplir l'Etang , élever ce Marais , donner un autre cours aux eaux qui viennent des montagnes , & leur aſſigner un nouveau rendez-vous. Tout cela s'eſt executé à merveilles. Et quoique ce grand terrain ait près de vingt-cinq arpens de ſuperficie , on l'a pourtant élevé par tout de douze piés de ſable , qu'on y a tranſporté : enſuite ſur ce ſable on a poſé les terres , qu'on prenoit à la montagne de Sataury. Ces

travaux étonnants ont rendu ce terrain
d'une superficie plane , & sans aucune
pente. Mais combien a-t-il fallu encore
aporter de terres nouvelles & de fumier ,
pour élever chaque quarré ; afin que les
eaux s'écoulassent plus facilement dans
le grand Aqueduc; de peur que tout ce
Jardin ne redevînt un Etang , ou du
moins une Marre bourbeuse, & inaces-
sible : La dépense de ce grand Ouvrage , qui a fait tant de bruit , est amplement récompensée par le succès , qui a
fait beaucoup d'honneur à M. de la
Quintinie. Ce fameux Potager est dis-
tribué en trente-deux Jardins , tous fer-
més de muraille ; & au milieu desquels
est un grand Jardin d'environ quatre-
vingt toises en quarré. M. de la Quintinie en donne un plan, fort exactement
gravé , dans le premier volume de son
Instruction pour les Jardins Fruitiers , &
Potagers. Je n'ai raporté tout cela , qu'a-
fin de faire voir ce qu'il en coûte , lors
qu'on n'a pas à portée un bon fond ,
pour faire son Jardin ; & qu'on est forcé
d'adopter une mauvaise terre , au défaut d'une bonne , qu'on ne trouve pas
dans son voisinage.

I. Quand on peut choisir une place ,
pour y former un Jardin , il faut que le
fond en soit bon. Et pour qu'il soit tel ,

il doit avoir les qualités fuivantes.

1. La terre ne doit point avoir de mauvais goût, autrement les fruits, & les légumes en tiendroient infailliblement. Les Vins, qui prennent le goût du terroir, font une preuve convaincante de cette verité.

2. La terre doit avoir, au moins, trois piés de profondeur. Les Arbres, pour réüffir, auffi-bien que les légumes à longue racine, comme font les Artichaux, les Beteraves, les Scorfoneres, les Carotes, les Panais, demandent abfolument trois piés de bonne terre. Les Salades, les Choux, les Verdures, fe contentent d'un fond de deux piés.

3. Il faut que la terre foit meuble ; c'eft-à-dire, facile à labourer, & fans pierres.

4. Il faut qu'elle ne foit ni trop humide, ni trop fèche. La terre trop humide eft froide, trop forte, pefante & peu propre à la production des Végétaux. La terre trop feche, eft fans humeur, trop legére, & demande de grands, & fréquents arofements, qui coûtent exceffivement.

II. Il faut qu'un Jardin foit dans une expofition favorable : c'eft-à-dire, qu'il ait le Soleil le matin, à midi, & au foir. Cet Aftre, par fa chaleur vivi-

fiante, fait monter la féve dans les
Plantes, & follicite les grains, & les
Arbres à faire ce devoir qui réjoüit, &
orne toute la nature, & d'où nous tirons nos plus délicieufes richeffes.

1. L'expofition, qui eft au Midi, eft
la meilleure, & celle qui hâte plus puiffamment les Plantes. Elle donne du
goût aux légumes, & aux fruits.

2. L'expofition, qui eft au Levant,
n'eft guere moins eftimée, que celle qui
eft au Midi.

3. L'expofition, qui eft au Cou-
chant, paffe pour médiocre chez les
Jardiniers.

4. Enfin l'expofition, qui eft au
Nord, d'où foufflent des vents fi funef-
tes aux Plantes & aux Arbres, eft abfolument reprouvée.

III. Il n'eft pas inutile de marquer,
que toutes les murailles d'un Jardin doivent être d'environ neuf piés de haut.
Sans le fecours des murailles, on ne fauroit avoir d'Efpaliers, ni de beaux fruits;
& il faut renoncer aux légumes hâtifs,
& aux fleurs Printanieres. Et ce font là
pourtant les grands agrémens d'un Jardin. Comme il faut que rien n'y manque, & qu'on y trouve du hâtif, du tar-
dif, & une abondance même pour les
plus dures faifons, les murailles font né-

ceffaires ; foit afin de temperer par un
peu d'ombre le grand chaud, qui dans
le fort de l'Eté brûleroit les Plantes
tendres, & délicates ; foit pour les métre durant les premieres nuits froides, à
l'abri des impitoyables vents du Nord,
qui font la défolation de toutes fortes
de Plantes.

IV. Il faut qu'un Jardin ait de l'eau
pour les arofements, afin de le garantir
de la féchereffe, qui eft la grande ennemie des Plantes. Sans la facilité d'avoir
de l'eau, on ne peut rien efpérer des légumes, qui demandent d'être abondamment humectés ; fur tout, durant
le Printems, & l'Eté, qui font ordinairement fujets à de grandes chaleurs,
& à des hâles dévorants.

On doit compter que les arofements
font indifpenfables pendant fept ou
huit mois de l'année. Les pluies ordinaires de l'Eté ne fuffifent pas pour un
Jardin Potager, ni même pour un Jardin à Fleurs. Les habiles Jardiniers ne
fe contentent pas non plus des eaux du
Ciel pour les Arbres nouvellement plantés, & particulierement dans les grands
hâles. L'ardeur du Soleil, qui pénétre
alors jufqu'aux racines, feroit périr ces
nouveaux arbres, fi on ne remedioit
pas par les arofements à cette funefte a-

ridité, qui fait languir & mourir tout
dans les Jardins. Le Proféte Roy com-
prenoit bien que l'eau eſt l'ame de la
Végétation, lorſque repreſentant l'ari-
dité, & la ſéchereſſe, où il ſe trouvoit
quelquefois par la privation des ſecours
ſenſibles de la grace, ſans laquelle on
languit dans l'exercice de la pieté, il
comparoit ſon ame à une terre ſans eau.
Anima mea ſicut terra ſine aquâ. Pſal.
142. Qu'eſt-ce en effet qu'une terre
ſans eau ?

V. Un Jardin doit être d'un abord
facile, pour y tranſporter commodément l'engrais, qu'il faut tirer des fumiers, qui ſe font dans les baſſes-cours.

Tout ce que j'ai dit juſqu'ici en général d'un bon Jardin, ſe doit apliquer
en particulier aux trois ſortes de Jardins, dont je vais parler dans la ſuite.
Ces trois ſortes de Jardins, ſont;

1. Le Jardin Potager.
2. Le Jardin Fruitier.
3. Le Jardin à Fleurs.

Or il faut, pour tous ces Jardins diférents, les mêmes avantages, que je
viens de décrire. Ils doivent tous également avoir

1. Un bon fond de terre.
2. Une expoſition favorable.
3. Une clôture de murailles de neuf
piés.

4. Une eau toute proche pour les a-rofemens.

5. Un abord commode , afin d'y porter aifément les fumiers.

Sans tout cela, on ne peut pas fe pro-mètre de réüffir dans le Jardinage : & l'on n'y pouroit fupléer, que par des dé-penfes exorbitantes , qui ne convien-nent pas à beaucoup de perfonnes. Car pour parler feulement du fond, où l'on fe propofe de faire un Jardin , s'il fe trouve que ce fond foit mauvais , ou qu'il n'y ait pas de terre fufifamment , quelle fâcheufe extrémité n'eft - ce pas d'être obligé d'ôter le tuf, l'argile de ce terroir , afin d'y tranfporter de bonne terre ? C'eft fur cela que M. de la Quin-tinie fe récrie fort judicieufement : *Malheur à celui qui fe voit réduit à faire la dépenfe d'un tel tranfport ! Il arive à peu de gens de faire une fi lourde faute.*

Les anciens n'ont point connu cet expédient : Du moins les Auteurs, qui ont traité du Jardinage , ne difent pas un mot du tranfport des terres , pour remplacer celle d'un mauvais fond. Auffi n'apartient-il qu'à des Princes , d'avoir recours à ce remède , fur tout pour les grands Jardins. J'ai connu un Particulier, qui , pour avoir donné in-difcretement dans cette nouveauté in-

troduite depuis peu de tems dans le Jardinage , a tellement dérangé fes affaires,
qu'il en a fait tout le refte de fa vie une
pénitence des plus humiliantes. En fait
de terres portées , il en faut laiffer l'entreprife aux Maîtres du monde. Ils font
en poffeffion de commander aux hommes , de bouleverfer les Provinces entieres , de mètre en mouvement toute
la terre ; & c'eft à eux uniquement,qu'il
fied bien , de corriger , & de forcer même la Nature.

VI. Il eft, ce me femble , affez inutile de recommander aux perfonnes ,
qui fe propofent d'avoir un Jardin, que
l'on ne doit pas négliger de lui donner
une belle figure. On ne manque point
de choifir celle d'un quarré long, quand
on a un terrain propre.

VII. On eft hûreux, lorfqu'on le
trouve de niveau , ou fans une grande
pente. Cependant fi la pente eft confidérable , & qu'on n'y puiffe pas remédier , fans faire beaucoup de dépenfe ,
un Jardinier bien avifé ne laiffe pas de
s'en fervir très-utilement. Il ne manquera pas de partager cette grande pente en
diférents efpaces , pour en faire autant
de terraffes : ce qui produit un éfet, qui
peut avoir de grands agrémens. Il eft
vrai que cet expédient oblige à faire une

dépenfe, dont il n'y a pas moyen de fe
difpenfer. Car enfin il faut par de petits
murs foûtenir ces terraffes, pour les er
pêcher de s'ébouler. Encore faut-il y a
joûter quelques dégrés, pour aler d'u-
ne terraffe à l'autre. Mais en récompen-
fe ces petits murs peuvent fervir à faire
de beaux Efpaliers, fur tout fi l'expofition en eft bonne. De plus ces terraffes
font comme autant de Jardins féparés,
dans lefquels on tracera des allées d'une
largeur proportionnée à leur longueur.

VIII. Il eft de la beauté & de l'u-
tilité d'un Jardin, que le terrain en foit fi
bien diftribué, qu'il n'y ait pas un pié de
terre qui foit inutile. On le partagera,
autant qu'il eft poffible, en quarrés é-
gaux par des allées néceffaires, & bien
placées; non-feulement pour la prome-
nade, mais encore pour avoir le plaifir
de voir & de confiderer ce que ces quarrés contiennent.

Il faut néceffairement des allées dans
le voifinage des murailles, afin de vifi-
ter & de cultiver les Efpaliers, & pour
en cueillir les fruits plus commodément.

Ces allés doivent être d'une largeur
raifonnable; & elles le feront, fi on les
proportionne à l'étenduë du Jardin.
Celles qui font le long des Efpaliers
doivent être éloignées de la muraille de

trois ou quatre piés, afin que l'on puisse
avoir cet espace pour le labour, qu'il
faut donner aux arbres qui y sont pla-
cés.

IX. Les labours sont d'une nécessité
indispensable dans les Jardins, aussi-
bien que dans les Champs. Labourer la
terre, c'est la remuer à sa superficie jusqu'à une certaine profondeur; ensorte
que la terre de dessous prenne la place
de celle de dessus.

1. Comme la terre des Jardins n'est
pas ordinairement pierreuse, ni si forte; ces labours se font à la bêche & à la
houë. Dans un cas contraire, on a recours
à la Fouche, &c.

Ces labours se font précisément pour
rendre ces terres mobiles & legeres, afin
que l'humidité de la rosée, & des pluies,
& la chaleur du Soleil les pénétrent
plus aisément. Par ce moyen, on donne
la fertilité aux terres, qui en ont peu,
ou bien on l'entretient dans celles qui en
ont suffisamment.

2. On doit labourer les terres chaudes & sèches en Eté, un peu devant la
pluie, ou incontinent après; suposé
qu'il y ait aparence qu'il en doive encore tomber; alors on ne sauroit trop les
labourer, ni trop avant.

Quand aux terres froides, pesantes &

humides, il ne les faut labourer que dans les grandes chaleurs, afin qu'étant rendües mobiles & legeres, la chaleur du Soleil y entre plus facilement pour échaufer la racine des arbres. Ces labours servent merveilleufement à détruire les mauvaifes herbes qui volent & épuifent les fels deftinés à la nouriture des arbres & de leurs fruits. Ces méchantes herbes étant mifes au fond de la terre, elles y pouriffent & lui fervent d'un nouvel engrais.

3. Lorfque les Arbres fleuriffent, & que les Vignes pouffent, on ne les doit jamais labourer, parce que les exhalaifons, qui s'élevent d'une terre nouvellement remuée, gâtent les fleurs & les tendres productions de la Vigne.

4. C'eft une regle générale, qu'aux terres feches & legeres on doit donner un grand labour à l'entrée de l'hiver, & un pareil dez les prémiers jours du Printems; afin que les pluies & l'eau de la fonte des neiges entrent avec faci lité dans ces fortes de terres, qui ont befoin d'être beaucoup humectées.

Pour les terres fortes & froides, on ne leur fait qu'un petit labour au mois d'Octobre, pour faire périr les méchantes herbes; & on leur en donne un grand vers le commencement de Mai quand les fruits font noüés.

CHAPITRE IV.

La maniere d'amender la terre.

QUelque excélente que foit une terre, elle s'ufe, parce que fes fels s'épuifent par les fréquentes & fortes productions des Plantes qu'on y cultive. Il faut donc réparer cette diffipation, & reftituer à cette terre ce qu'elle a perdu en produifant, fi l'on veut entretenir fa fécondité & la rétablir au même état qu'elle étoit, quand on a commencé à la faire travailler à la végétation des graines, des Plantes & des Arbres, dont on lui a confié la nouriture.

A parler proprement, ce n'eft point la fubftance de la terre qui s'ufe; car enfin quelques amples productions qu'elle faffe, on ne voit point qu'elle déperiffe, ni qu'elle devienne à rien. Ce n'eft que fon fel qui diminuë. Ce fel précieux, qui l'anime, & qui eft le principe de fa fertilité, fe trouve épuifé par la nouriture continuelle que cette diligente mere a donnée à fes enfans. C'eft donc ces fels qu'il s'agit de lui redonner, afin de

la

la rendre auſſi fertile qu'elle étoit ; & c'eſt-là ce que nous appellons amender, ou améliorer une terre.

Cette amélioration ſe fait par le moyen des fumiers. Les Anciens ont parfaitement connu la néceſſité de fumer la terre. Virgile dans ſes Géorgiques en recommande ſans ceſſe la pratique. Et il eſt étonnant, qu'il ſe ſoit trouvé des gens qui condamnent l'uſage des fumiers pour l'amendement des terres, ſe fondant ſur ce qu'Héſiode n'en dit rien, quand il parle de la maniere de cultiver la terre. Il eſt vrai, que cet Ancien étoit perſuadé, que le fumier corrompoit l'air, & empeſtoit les Plantes ; & qu'on devoit ſonger plûtôt à la ſalubrité, qu'à la fertilité de la terre. Les ſiécles ſuivans n'ont point eu d'égard à la délicateſſe d'Héſiode, & ils ſe ſont entierement appliqués à communiquer à la terre toute la fécondité dont elle peut être capable. On a fait même de la pratique de fumer les terres, un art, qu'on a nommé *ſtercoration* ; & c'eſt même par le ſoin que prenoit un Laboureur de pratiquer cette *ſtercoration*, qu'on jugeoit du mérite d'un habile pere de famille.

Ce terme de *ſtercoration* eſt tellement conſacré chez les Anciens, pour ſigni-

II. Partie.   E

fier l'art de fumer les terres , que l'on
difoit en proverbe parmi les Grecs &
les Romains , que les yeux du Maître
font un merveilleux engrais pour un
Champ & pour un Jardin : *Optima fter-*
coratio veftigia Domini. C'eft Plutarque ,
qui nous a confervé ces paroles fi fen-
fées.

Il n'y a plus aujourd'hui deux partis
là-deffus. Tout le monde convient qu'il
faut dans l'Agriculture & dans le Jardinage fe fervir de fumiers, afin de donner la fertilité à un fond qui n'en a pas ;
ou pour la rétablir par de nouveaux fels
dans une terre qui en eft épuifée par des
Végétations fortes & continuelles.

Les Anciens ont donné à Saturne le
nom de *Stercutius* ; parce qu'il a le premier inventé l'art de fertilifer la terre
par le moyen de la *ftercoration*. L'abondance qu'il produifit parmi les hommes , en faifant fumer les Champs , a
fait dire de fon règne , que c'étoit les
beaux & les heureux jours du monde ,
& le fiècle d'or. *Macrob. Saturnal. lib.*
1. *cap.* 7.

Ces fumiers fe tirent des Ecuries, des
Etables , des Colombiers & de tous les
lieux où l'on nourit des beftiaux & des
volailles.

Les excrémens des animaux ne con-

tribuent pas les feuls à la compofition
des fumiers ; toutes les parties de leurs
corps, quand elles font pouries, & même leurs ongles, leur fang, leurs os,
engraiffent parfaitement bien les terres.
On fe fert encore utilement des feüilles
qui tombent des arbres, & qu'on
ramaffe dans l'Automne. Quand elles
font pouries dans quelque Egoût, ou
réduites en cendres, elles font un engrais d'autant meilleur qu'elles font ori-
ginaires de la famille des Végétaux.
Tous ces fortes de fumiers font merveilleux pour engraiffer, & pour échaufer
la terre. C'eft par leur fecours qu'on fait
dans les Jardins durant l'hiver, prefque
tout ce qu'y fait durant l'Eté le grand
Aftre, qui anime & vivifie toutes chofes.

En parlant des fumiers, nous ferions
une omiffion confidérable, fi nous ne
faifions pas mention de la *Poudrette*,
qu'on apelle ainfi, afin d'éviter les termes groffiers de matiere fécale ou d'ex-
crément humain, qui peuvent bleffer
les imaginations délicates. Quoique M.
de la Quintinie en banniffe l'ufage dans
la culture des Orangers, il eft pourtant
certain que quand cette *Civette Occiden-*
tale, pour me fervir du ftile honnête des
Chymiftes, eft employée bien à pro-

E ij

pos par un homme entendu , après l'a-
voir fobrement mêlée avec d'autres fumiers, elle peut puiffamment contribuer à échaufer la terre, & l'exciter à
produire des végétations extraordinaires
& merveilleufes. Et j'ai remarqué que
les Jardiniers qui réüffiffent le mieux à
élever les Plantes étrangéres , fe trouvent bien de fe fervir de la Poudrette.
Et pourquoi dédaigner de l'employer
pour quelques fleurs , dans lefquelles
on ne cherche point le plaifir de l'odorat ; & que la Nature n'a parées de
fi vives couleurs , que pour être le char-
me des yeux ? Les habiles Fleuriftes
qui font ordinairement myftérieux , ne
fe vantent pas de tout ce qu'ils font là-
deffus.

Mais il y a des règles d'où il ne faut
pas s'écarter, fi on veut tirer un grand
profit de l'ufage du fumier ; & fans lefquelles , au lieu d'abonnir , & de fertilifer une terre , on rifque à la brûler, &
à faire périr tous les Arbres , & toutes
les Plantes.

I. Il faut obferver qu'il y a des fumiers plus chauds les uns que les autres ;
& qu'il y en a pareillement de plus
gras, & de plus humides qui ne conviennent pas à toutes fortes de fonds.

II. Si la terre, qu'on veut amender,

est séche, sabloneuse, on y doit employer les fumiers les plus gras, comme sont ceux de Vaches, de Chevaux,
de Mulets. Ceux de Cochon sont peu
estimés à cause de leur puanteur.

Si la terre au contraire est forte, humide, & pesante, il lui faut donner des
fumiers chauds, & legers, comme sont
le crotin de Mouton, ce qu'on tire des
Colombiers, & des lieux, où l'on nourit la Volaille. Le Marc de vin est un
fumier précieux. Les boües, qu'on ra-
masse dans les ruës, sont admirables,
lorsqu'elles sont bien employées.

III. La quantité du fumier ne doit
être ni trop petite, ni excessive. L'excès
est dangereux : comme de n'en pas mètre assez, est un secours, qui pour n'ê-
tre pas sufisant, devient presque inutile : sur tout dans les terres maigres. L'u-
sage en doit donc être moderé ; & tout
le secret, c'est de se renfermer dans cette médiocrité, qui doit amender, &
échaufer la terre, & non pas l'enflâmer,
& la rendre brûlante.

On ne peut guére pécher par l'excès
dans les endroits des Jardins Potagers,
à qui on demande des légumes gros, &
bien nouris. Après tout, un habile Jardinier doit connaître le tempérament
de la terre, qu'il veut amender, afin d'y

E iij

donner de l'engrais , à proportion du befoin qu'elle en a , & de ce qu'il lui demande.

IV. Le tems propre pour fumer les
terres , c'eſt depuis le commencement
de Novembre , juſques vers le milieu de
Mars. La fin de l'Autonne , & tout
l'Hiver ſont uniquement deſtinés à faire les utiles amendemens ; parce que les
fumiers aiant beſoin d'être conſommés,
afin que le ſel , qui y eſt contenu , pénétre la ſurface de la terre , il eſt beſoin,
pour cette conſommation parfaite, des
pluies abondantes de l'Autonne , & de
l'Hiver , qui achevent hûreuſement de
pourir le fumier , & de répandre la ſubſtance ſaline dans les endroits , d'où les
Plantes tirent leur nouriture.

V. Il faut bien ſe garder de mètre le
fumier trop avant dans la terre ; d'autant que les humidités, qui diſſolvent
les ſels , les emportent avec elles trop
bas , & dans des endroits, où les racines
ne pénètrent point. Alors le fumier eſt
abſolument inutile. Le fumier doit donc
ſe répandre à la ſuperficie de la terre :
faire autrement , ce ſeroit tomber dans
l'abſurdité , d'une blanchiſſeuſe , qui
métroit ſes cendres au fond du cuvier ,
au lieu de les répandre au-deſſus du linge qu'elle veut décraſſer. C'eſt ainſi que

s'explique fort fenfément M. de la Quintinie.

Enfin on parvient à la perfection de
l'Art de fumer, fi on employe le fumier, de telle forte qu'on rende la terre
mobile, afin de lui faire recevoir le be-
nefice de la rofée, & de la pluie. Cette
obfervation eft de la derniere importance, & on ne la doit jamais perdre de
vûë.

VI. M. de la Quintinie ne veut
point de fumier pour les Arbres, fi on
cherche à avoir des fruits de bon goût.
Nul fumier, dit-il, *pour les Arbres. Je
n'en veux point du tout.* Sa raifon eft que
pour peu qu'une terre foit bonne, elle
l'eft affez, pour nourir des Arbres dont
on efpére du fruit, qui foit agréable au
goût. On a en éfet obfervé qu'un Vi-
gneron, qui fume bien fes Vignes, ne
fait pas d'excélent vin. Il eft vrai qu'il
en a une plus grande quantité : mais la
queftion eft de favoir, fi on lui doit fa-
crifier la qualité, le mérite du bon goût
du vin. J'ai fouvent oüi dire dans les
pays de Vignobles : *Vive le vin d'un mauvais ménager;* parce qu'en négligeant de
mètre de l'engrais à fes Vignes, il en re-
çoit peu de vin : mais ce peu eft exquis,
& délicieux. Il eft certain qu'il vaut incomparablement mieux avoir moins de

E iiij

fruits, qui foient favoureux, que d'en
avoir beaucoup d'infipides.

Mais en refufant les fumiers aux Arbres, on n'a pas deffein de les priver de
tout fecours. On leur acorde volontiers
les terres de gazon, & plus particulierement les terres, qui fe trouvent au-def-
fous du gazon. Ce font des terres neu-
ves qui n'ont jamais été travaillées, &
qui ont encore toute la fertilité qu'elles
tiennent de la Nature. De terres femblables, on n'en fauroit trop mètre au pied
des Arbres : & le Jardinier n'eft pas
long-tems à s'apercevoir qu'elles n'y ont
point été tranfportées inutilement.

VII. Quand on a répandu le fumier
également fur la fuperficie de la terre,
il le faut enterrer de maniere qu'il ne paraiffe plus au dehors : & cela fe fait par
un bon labour d'environ neuf à dix pouces de profondeur ; & non pas plus a-
vant, de peur de le mètre hors de la
portée des racines des Plantes qu'on
veut élever.

VIII. Pour échaufer & améliorer
les champs où l'on veut femer du Blé,
outre toutes les fortes de fumiers, &
même les excrémens de l'homme qu'on
y employe fort utilement, on fe fert
encore de la Marne, qui eft une terre
foffile, graffe, & très-propre à rendre

les terres merveilleusement fécondes.
Cette Marne se tire de Carieres qu'on
perce dans la terre, & qui sont souvent
très-profondes.

Lorsqu'on a tiré la Marne de la Ca-
riere, on la répand sur la terre; & puis
quand les pluies abondantes en ont fait
la dissolution, & qu'elle est comme pul-
verisée par le beau tems, on la mêle a-
vec la terre par le moyen du labour.

Comme la Marne est fort brûlante,
il se faut bien garder de communiquer
cet amendement avec excès. Et après
tout, quelque mesure qu'on puisse prendre, il arive toûjours que la premiere
année elle détruit une partie du Blé par
son extrême chaleur : & ce n'est proprement que dans les années suivantes,
qu'on goûte le plaisir de receüillir de
belles & abondantes moissons, d'une
terre marnée. *Palissy* ne parle qu'avec en-
tousiasme du profit qu'on peut tirer d'un
sage emploi de la Marne : & c'est presque à ce seul usage de la Marne, qu'il
fait consister le secret, qu'il promet,
pour augmenter considérablement le revenu des biens de la Campagne, & pour
s'enrichir promptement.

Lorsqu'un champ est bien marné,
c'est du moins pour quinze ans.

E v

Terre préparée pour les Arbres, & pour les Plantes Exotiques.

Ce feroit en vain qu'on nous aporte-
roit des Graines, des Plantes, & des
Arbres de Climats fi diférens & fi re-
culez du nôtre, fi on ne leur donnoit
pas ici une terre à peu près pareille à
celle d'où ces Végétaux rares font origi-
naires. De-là vient, que l'on a tant de
peine à élever en France la plûpart des
Plantes qui nous viennent des Indes,
foit d'Orient, foit d'Occident. Il faut
une aplication terrible, pour les apri-
voifer avec nous. Toûjours fieres des a-
vantages de leur Patrie, elles ne ceffent
prefque jamais de nous montrer un air
trifte, farouche, & dédaigneux, quelque
bon traitement que nous leur puiffions
faire. L'aliment que nôtre terre leur préfente, eft à la vérité bien moins délicat & piquant que celui qu'elles trou-
voient dans la terre des Indes; auffi ne
le prennent-elles que par force & avec
dégoût : & quelques-unes de ces Plantes, acoûtumées aux alimens délicieux
d'Orient ou d'Occident, prennent fouvent le parti de fe laiffer mourir d'inani-
tion, plûtôt que d'ouvrir la bouche de
leurs racines aux fucs nouriciers de nos
terres Septentrionales.

Quelques Curieux, en matiere de Jardinage, ont cherché à traiter ces Plantes selon leur goût, & se sont étudiés à préparer une nouriture convenable à l'humeur & au tempérament de ces illustres étrangéres : & ils osent bien se flater de n'avoir pas perdu leur peine & leur tems. Voici la terre qu'ils ont composée, pour nourir les Arbres & les Plantes Exotiques.

I. *Pour les Plantes.*

On prend, par exemple, cent livres de terreau : c'est le vieux fumier qui a travaillé, & qui est devenu une terre très-mobile. Ils y ajoûtent cinquante livres de feüilles d'Arbres bien pouries : vingt livres de Poudrette ; c'est la Civette Occidentale des Chymistes. On laisse putréfier ces choses ensemble. Aprés quoi on y mêle quarante livres de marc d'Olives ; & trente livres de chaux. On laisse bien fermenter toute cette matiere durant deux mois. Cela fait, on en met un tiers avec la meilleure terre qu'on puisse trouver dans les environs. On en remplit des pots & des caisses ; où les Arbres étrangers ne manqueront pas de faire tout ce qu'ils faisoient chez eux, dans les terres nitreu-

E vj

ſes de l'Orient, du Midi, & de l'Occident.

II. *Pour les Plantes.*

On prend vingt livres de feüilles
d'Arbres ; quarante livres de vieux fumier de Vache; deux livres de rogneures
de corne de pié de Cheval ; quatre livres
de marc d'Olives ou de Raiſin ; de ſable blanc, autant qu'il en faut pour donner à tout cela un corps tel qu'a ordinairement une bonne terre ; quatre livres
de Tartre en poudre ; deux livres de Nitre fixé. Laiſſez fermenter tout cela durant quelques mois. Mélez de cette
compoſition avec autant de bonne terre
du Pays ; & les Plantes étrangeres y
pouſſeront avec plaiſir, & fleuriront à
l'admiration.

Fixation du Nitre.

Le Nitre, ou le Salpêtre, qui eſt la
même choſe, ſe fixe ainſi. On le met
dans un creuſet qui ſoit grand & fort: on
place ce creuſet entre les charbons ardens:
& quand le Salpêtre eſt fondu, on y
jète une ceüillerée de charbon groſſiere-
ment pulveriſé. Il ſe fait une grande
flame, & une détonnation. Quand cela eſt paſſé, on y jète de nouveau char-

bon , & on continuë jufqu'à ce que la matiere ne s'enflame plus. Alors verfez ce Nitre dans un mortier bien chaud , & le mètez en poudre. Cela fuffit *pour l'ufage de la Vegetation* , dont il eft ici queftion.

CHAPITRE VII.

Le Jardin Potager.

DAns toute l'Ecriture-Sainte , il ne fe trouve aucun exemple , que les hommes, avant le Déluge, aient mangé de la chair des Animaux : mais il y eft expreffément marqué , par des paroles plus lumineufes que les rayons du Soleil , qu'ils vivoient des Plantes & des fruits que la terre produit : *Je vous ai donné*, dit Dieu à nos premiers parens , *toutes les Herbes. . . . . & tous les Arbres. . . . . afin qu'ils vous ferverent de nouriture.* Genef. chap. 1. v. 29. Et ce n'eft qu'après le Déluge , que Dieu donna la permiffion aux hommes de fe nourir de la chair des Animaux : *J'ai mis entre vos mains tous les Poiffons de la Mer : nourif-fez-vous de tout ce qui a vie & mouvement. Je vous ai donné toutes ces chofes, comme* les Légumes & les Herbes de la Campagne. J'excepte seulement la Chair mêlée avec le Sang, dont je vous défend de manger. Genes. chap. 9. v. 2. 3. & 4. Cependant S. Chryfoftome, Homil. in Genes. 27. & pluſieurs autres ſavants Interprètes de l'Ecriture - Sainte, croient, que les hommes avoient eu permiſſion, avant le Déluge, de ſe nourir de la chair des Animaux : &, au moins, de ceux dont ils faiſoient des Sacrifices au Dieu éternel. Et il y a bien de l'aparence qu'*Abel*, qui étoit Paſteur de Brebis, ne les nouriſſoit pas, pour en avoir ſeulement la laine.

Ce qu'il y a de certain, c'eſt que Dieu plaça nos premiers Parens, dit *M. Voſſius*, dans un Jardin, afin de le cultiver, & d'en tirer leur nouriture ; & non pas auprès d'une Boucherie, pour égorger des Animaux : ce qui ne rend pas peu recommandable, ajoûte ce Savant, la culture des Jardins, à laquelle nous ſommes deſtinés par l'ordre de Dieu. *Le Seigneur mit l'homme dans un Jardin délicieux, afin qu'il le cultivât & qu'il le gardât. Il lui fit auſſi ce commandement, & lui dit ; mangez de tous les fruits du Paradis : mais ne mangez point du fruit de l'Arbre de la ſcience du bien & du mal. Genes.* chap. 2. v. 15. 16. & 17. Voila l'augu-

ste origine de l'Agriculture & du Jardinage.

Mais comme , depuis le peché d'A-
dam , *la terre a été maudite , & que nous
n'en tirons dequoi nous nourir, qu'avec beaucoup de travail : & qu'elle produit depuis ce
tems-là des épines & des ronces : Maledicta
terra in opere tuo....... spinas & tribulos
germinabit tibi. Genes. cap. 3. v. 17. &*
18. les hommes ont été contraints de
s'apliquer à travailler la terre : *ut opera-
retur terram* , pour en extirper les mauvaises Plantes, qui étoient inconnues
dans l'état d'innocence, & pour la forcer à nous produire celles dont nous tirons nôtre subsistance. C'est à quoi tout
le genre humain s'est ocupé depuis les
premiers jours du monde ; & nous alons
donner dans la suite ce que l'experience
de tous les siécles a fait découvrir de régles , pour réüssir dans la culture des
Plantes. Il s'agit ici de celles que l'on
nomme *Potagéres* , parceque les Cuisi-
niers en font entrer la plûpart dans les
Potages.

ARTICLE PREMIER.

*Catalogue des Plantes qui se cultivent dans
le Jardin Potager.*

Entre les Plantes qui font partie de

nos alimens, il y en a plusieurs dont la
culture apartient aux Laboureurs, &
que l'on ne renferme point dans les Jardins. Telles font , par exemple, les
Plantes, qu'on nomme *Alimentaires*;
comme le Froment, le Seigle, l'Orge,
l'Avoine, le Ris, le Millet, le Blé de
Turquie, &c. Tout ce que nous avons
dit fur la Multiplication du Blé, fe doit
apliquer à toutes ces fortes de grains,
qui fe fément & fe recüillent dans les
Champs, & qui font l'objet de l'Agriculture. Je ne fuis point entré dans le
détail du labourage ; fur quoi il faudroit plûtôt confulter les gens de la
Campagne, que de fe mêler de leur en
faire des leçons. Ils favent là-deffus tout
ce qu'il leur importe de favoir. Il y a
plus de trois mille ans que les hommes
font fuffifamment informez de toutes
les particularitez, qui apartiennent à l'art
de labourer la terre. Les Grecs en atribuent l'invention à *Cérès*, ou à *Triptolème* : mais *Moïfe*, qui vivoit avant
Cérès & *Triptolème*, avoit prefcrit,
long-tems avant eux, des loix touchant
l'Agriculture. Dans le *chap. xxii. v.* 10.
*du Deuteronome, il défend de labourer avec
un bœuf & un âne atclés enfemble.* C'eft
donc vifiblement donner dans des inu-
tilitez, que de décrire tout l'atirail du

labourage. Auſſi me ſuis-je borné dans
les ſecrets de la Multiplication du Blé,
qui eſt le principal point de vûë de l'A-
griculture, à ne donner que ce que les
Phyſiciens ont découvert par le raiſon-
nement & par l'expérience, de capable
de produire cette multiplication ſi importante, que les illuſtres Savants de la
Société Royale d'Angleterre, ſe ſont
tant de fois propoſés de perfectionner.

Quant à la culture des Jardins, il eſt
certain que les Anciens n'y ont pas été
fort intelligens; & que ce n'eſt que dans
ces derniers tems, qu'on a commencé de
bien entendre l'art d'embellir, & de
faire amplement fructifier les Jardins:
& l'on peut dire que de tous les arts qui
ſe ſont perfectionnés dans nôtre ſiécle,
le Jardinage n'eſt pas celui où l'on a fait
moins de progrès. Il me ſemble que
c'eſt ici le lieu de donner un Catalogue
des Plantes *Potagéres*, par ordre Alpha-
betique, afin de voir tout d'un coup de
quoi il eſt queſtion dans la culture du
Jardin Potager. A la vérité le nombre
en eſt fort grand: mais je me renferme
à ne donner que le nom des Légumes
qui ſe trouvent actuellement au Potager du Roi à Verſailles.

LISTE

Des Plantes Légumineuses du Potager du Roi, à Versailles.

A Bsinte.
  Ail.
  Anis.

Artichaux $\begin{cases} \text{verts,} \\ \text{violets,} \end{cases}$

Asperges.
Basilic.
Baume.
Beteraves.
Bonne-Dame.
Bourache.
Branche-Ursine.
Buglose.

Capres $\begin{cases} \text{ordinaires,} \\ \text{Capucines.} \end{cases}$

Cardons d'Espagne.
Carotes.
Celeri.

Cerfeüil $\begin{cases} \text{musqué,} \\ \text{ordinaire.} \end{cases}$

Champignons.
Chéruis.

Chicorée blanche { frizée,
commune.

Chicorée sauvage.
Chicons.

Choux {
Pommés.
Fleurs.
Pancaliers.
de Milan.
Frizés.
Verts.
Blonds.
Violets.
à la grosse Côte.

Ciboule.
Citroüile.
Cives d'Angleterre.
Concombres.
Coriandre.
Corne de Cerf.
Cresson Alenois,
Echalotes.
Epinars.
Estragon.
Fenoüil.
Fèves.
Fraizes.
Guimauves.
Haricots.

Laituës
{
à Coquille.
de la Passion.
la Crépe blonde.
la Crépe verte.
la petite Rouge.
la Courte.
la Royale.
la Bellegarde.
la Gennes.
la Perpigniane.
d'Aubervilliers.
la Capucine.
l'Imperiale.
la Romaine.
}

Lavande.
Marjolaine.
Mâches.
Mauves.
Mélisse.
Mélons.
Navêts.

Oignons {
blancs,
rouges.
}

Oseille {
grande,
petite,
ronde,
}

Panais.
Passe-Pierre.

Perfil { commun,
frifé,
de Macédoine.

Pimprénelle.

Poirée.

Pois de toutes les fortes.

Porreaux.

Potirons.

Pourpier { vert,
doré.

Raves.

Réponfes.

Rocamboles.

Romarain.

Ruë.

Salfifix. { commune,
d'Efpagne, & que l'on
nomme Scorfonnéres.

Tim.

Tripe-Madame.

Violettes.

C'eft à ceux qui fe propofent de faire, ou qui ont déja un Jardin Potager,
fe régler fur le nombre de Plantes
qu'ils défirent de cultiver. Il faudroit a-
voir un vafte terrain, fi l'on vouloit s'a-
tacher à tous les légumes que je viens de
nommer. Il fied bien à un grand Roi
d'étaler fa magnificence dans fes Palais,

& dans ses Jardins : mais il ne convient
pas à un Particulier de se mésurer avec
les Maîtres du monde. On compte jusqu'à quatorze sortes de Laituës dans le
Potager du Roy. Un riche honnête
homme ne se peut-il pas contenter d'en
avoir de six ou sept espèces ! Seroit-ce
pour lui une modération si mortifiante,
de n'en pas avoir de toutes les quatorze
sortes? Faudroit-il, à cette occasion, ape-
ler à son secours la raison & la Religion
pour lui faire suporter patiement le cha-
grin de ne voir pas dans ses Parterres toutes les Laituës particulieres ! Franchement, quand on ne sait pas se borner,
on mérite pas d'être heureux ; & même
on ne le peut jamais être. La Cupidité,
qui n'a ni règle, ni mésure, ne dit jamais : c'est assez. Je lis toûjours, avec
un nouveau plaisir, l'agréable inscription, où un Solitaire, enchanté de ses
petits Jardins, réprésente très - naïvement la douceur de son état : *Celui - là*,
dit l'inscription, *est assez riche, qui ne
manque point de pain.* Sa situation est digne
d'envie, s'il ne s'abaisse point à servir
les Grands. Soins piquans de la vie Ci-
vile, je vous dis un adieu éternel. Sabbas Solitaire, content de se posseder
soi-même, cultive tranquillement ses
petis Jardins. S'il est pauvre ; s'il est ri-

che ; s'il a le cœur bien placé , c'eſt à toi,
Lecteur , d'en juger. *Satis dives , qui non
indiget pane : ſatis potens , qui non cogitat
ſervire. Sabbas Caſt. Solitarius ſe ipſo con-
tentu hos ſecurus incolit hortulos : Pauper au
dives : ſi cordatus eſt cogite.* Joan. Jacob.
Hofmann. Lexic. Univerſ. ad Verbum.
HORTUS.

Ce Catalogue de Plantes Potagéres,
que je viens de donner, eſt un amas
confus , qui compoſe plûtôt une eſpèce
de Forêt , qu'un Jardin. Répandons
quelques lumieres ſur ce cahos de Plantes , qu'il faut débroüiller ; & tâchons
de les réduire ſous des titres particuliers,
qui nous ſervent , comme d'une intro-
duction méthodique , dans la culture
du Jardin Potager. C'eſt ce que je vais
faire , ce me ſemble , très-heureuſement,
en les rengeant à peu près dans l'ordre
où les a miſes *M. de la Quintinie.* Cet
ordre eſt de raſſembler , dans la même
claſſe , toutes les Plantes qui demandent d'être cultivées de la même maniere. Car enfin il faut obſerver que l'on ne
traite pas d'une même façon toutes les
Plantes Potagéres. Les unes ſe tranſ-
plantent ; les autres reſtent toûjours au
même lieu , où l'on les a ſemées. Quelques-unes viennent de graine , quelques
autres ſe multiplient de Bouture, de Re-

jettons, de Marcotes...... Je puis dire qu'en diftribuant ainfi les Plantes, je
pofe par avance, & tout d'un coup, les
fondemens du Jardinage; j'établis les
premiers principes de ce bel Art; &
j'ouvre une vafte Carriere, où il ne fera
plus dificile d'entrer & de courir avec
fuccès.

I. Je mets dans le premier rang les
Plantes qui fe fément pour demeurer en
place, & qu'on ne tranfplante point.
Telles font.

Les Raves.
Les Béteraves.
Les Carotes.
Les Panais.
Les Chéruis.
Les Navêts.
Les Mâches.
Les Réponfes.
Les Scorfonnéres.
Les Salfifix.
L'Ail.
Les Cerfeüil.
Le Perfil.
La Corne de Cerf.
La Chicorée fauvage.
Le Creffon Alenois.
Les Epinars.
Les Pois.
Les Fèves.

L'Oi-

L'Oignon.
La Ciboule.
Les Echalotes.
Les Laituës à couper.
La Pimprénelle.
La Porrée à couper.
Le Pourpier.
L'Oseille.

II. Voici les Plantes que l'on séme, afin de les transplanter ensuite.

Les Cardes de Porée.
Le Céleri.
Les Chicorées blanches.
Les Laituës à pommer.
Les Choux.
Les Mélons.
Les Concombres.
Les Citroüilles.
Les Potirons.
Les Porreaux.

III. Il y a des Plantes, qu'il est indiférent de laisser en place, après les avoir semées ; ou de les transplanter, parce qu'elles réüssissent bien de toutes les deux façons.

Les Asperges.
Le Basilic.
Le Fenoüil.
L'Anis.
La Bourache.
La Buglose.

II. Partie.   F

Les Cardons.

Les Capres-Capucines.

La Ciboule.

La Sarriéte.

Le Tim.

Le Cerfeüil mufqué.

IV. La quatriéme claſſe des Plantes du
Jardin Potager, ſont celles qui ſe multiplient, ſans être ſemées; parce qu'elles font
de groſſes touffes qu'on ſépare, & dont
on fait des Plantes, en les tranſplantant.

L'Alleluia.

Les Cives d'Angleterre.

Les Violettes.

Les Artichaux.

Le Baume.

L'Oſeille ronde.

La Tripe-Madame.

L'Eſtragon.

La Méliſſe.

Les Fraiſiers.

Les Framboiſiers.

La Lavande.

La Sauge.

Le Tim.

La Marjolaine.

Le Laurier.

La Vigne.

Le Figuier.

V. Les Plantes ſuivantes, ſe tranſ-
plantent; & alors on coupe une partie

de leurs feüilles & de leurs racines.

Les Artichaux.

Les Porrées.

Le Porreau.

Le Céleri.

VI. A l'égard de ces Plantes-ci, il suffit d'en rafraichir un peu les racines, sans rien couper aux feüilles.

Les Chicorées.

La Sariéte.

L'Oseille.

Les Laituës.

L'Alleluia.

Les Violettes.

Le Basilic.

La Bonne-Dame.

La Bourache.

La Buglose.

Les Capres-Capucines.

Les Choux.

L'Estragon.

La Passe-Pierre.

Les Fraisiers.

La Marjolaine.

Les Mélons.

Les Concombres.

Les Citroüilles.

Les Potirons.

VII. La septiéme classe est des Plantes qu'on nomme vivaces, parce qu'elles passent l'hiver, qu'elles produisent plu-

fieurs fois dans la même année, & qu'-
on les peut laiffer fubfifter pour l'année
fuivante.

L'Ofeille.
La Patience.
L'Alléluia.
Le Fenoüil.
La Pimprenelle.
Le Cerfeüil.
Le Perfil.
Le Perfil de Macédoine.
La Chicorée fauvage.
Le Baume.
L'Eftragon.
La Paffe-Pierre.

VIII. Voici quelqu'autres Plantes,
qui ne produifent qu'une fois l'an, &
qui fubfiftent durant plufieurs années.

Les Afperges.
Les Artichaux.

IX. Il y a des Plantes qui périffent,
après vous avoir donné leurs productions.

Les Laituës de toutes les efpèces.
La Chicorée ordinaire.
Les Pois.
Les Fèves.
Les Cardons.
Les Mélons.
Les Concombres.
Les Citroüilles,

Les Oignons.

Les Porreaux.

Le Céleri.

La Bonne-Dame.

Les Beteraves.

Les Carotes: & généralement toutes les Plantes qui n'entrent dans nos u-
sages, que par leurs Racines.

X. Plantes qui ne se multiplient point
de graines, soit parce que quelques-unes
n'en ont pas, soit parce qu'il est plus
promt de les provigner par rejettons,
trainasses, boutures, marcotes.

Ail se multiplie par des espèces de
caieux qui se forment au pié, en maniere d'Oignon. Ces caieux se nomment
aussi *gousses d'Ail*. On les met en terre en
Mars, ou en Avril.

L'Alleluia se multiplie par des trainasses, ou rejettons qui sortent du pié,
comme il en sort aux Fraisiers, & aux
Violiers.

Les Artichaux ne se multiplient gué-
res, que par des œilletons qu'on trouve
autour du pié de la Plante. On sépare
ces œilletons, & on les transplante vers
le commencement du mois d'Avril. Au
reste on pouroit absolument multiplier
les Artichaux avec la graine qui se trouve au fond des pommes d'Artichaux,
quand on les laisse fleurir & sécher.

Le Baume ne se multiplie qu'avec des trainasses, ou par boutures.

Les Cives d'Angleterre se multiplient par des petits rejettons qu'on trouve autour de leur touffe, & que l'on replante.

Les Echalotes se multiplient de gousses, qui viennent autour du pié.

L'Estragon ne se multiplie que de trainasses, ou de boutures.

Les Fraisiers, soit blancs, soit rouges, aussi-bien que les Caprons, ne se multiplient que par des trainasses, qui font des manieres de filets rampans sur la terre, & qui prennent aisément racine à l'endroit des nœuds qu'on y voit.

Les Framboisiers, tant les blancs, que les rouges, ne se multiplient que par des rejettons d'un an, & qu'on replante au Printems.

Les Groseillers, ou blancs, ou rouges, se multiplient par des rejettons qui viennent du pié, ou bien de boutures, qu'on transplante au Printems.

L'Hisope ne se multiplie que par des rejettons.

La Lavande se multiplie de graine, & de vieux piés replantés.

Le Laurier se multiplie de graine, & aussi par marcotes.

La Melisse ne se multiplie que de

trainaffes , & de boutures.

L'Ofeille ronde ne fe multiplie que par rejettons , ou par trainaffes.

La Ruë , quoiqu'elle faffe de la grai-ne , ne fe multiplie que par la voie des boutures , & des marcotes.

La Rocambole fe multiplie par gouf-fes, & de graines.

Le Romarin fe multiplie de graines, & de branches un peu enracinées.

La Sauge fe multiplie aifément par des rejettons qu'on tire du pié , & qui doivent être un peu enracinés.

Le Tim , qui fe peut multiplier par le moien de fa graine , fe provigne plus promptement par la voie des rejettons enracinés , qu'on fépare du pié.

La Tripe - Madame fe multiplie de rejettons , qui reprennent fort facile-ment. On en fait auffi venir de graine.

Les Violiers, foit doubles, foit fim-ples , fe multiplient ordinairement de rejettons , quoique ces Plantes faffent des gaines.

XI. Plantes qui fe multiplient de graines.

L'Abfinte.
L'Ache.
L'Anis.
Les Afperges.
Le Bafilic.

Les Béteraves.
Le Blé de Turquie.
La Bourache.
La Buglofe.
Les Capres-Capucines.
Les Cardes de Porrée.
Les Cardons d'Efpagne.
Les Carotes.
Le Céleri.
Le Cerfeüil.
Les Cheruis.
La Chicorée blanche.
La Chicorée fauvage.
Les Choux.
Les Ciboules.
Les Citroüilles.
La Corne de Cerf.
Les Concombres.
Le Creffon Alenois.
Les Epinards.
Le Fenoüil.
Ls Féves.
Les Guimauves.
Les Laituës.
La Lavande.
Le Laurier commun.
La Marjolaine.
Les Mâches.
Les Mauves.
Les Melons.
Les Navets.

L'Oignon.

L'Ofeille, grande; & l'Ofeille petite.

Les Panais.

La Paffe-Pierre.

Le Perfil commun.

Le Perfil de Macédoin.

La Pimprenelle.

La Poirée.

Les Pois.

Les Porreaux.

Les Potirons.

Le Pourpier, foit vert, foit doré.

Les Raves.

Les Réponfes.

La Ruë.

La Rhubarbe.

La Rocambole.

Le Romarin.

La Roquette.

Les Scorfonneres.

Les Salfifix.

La Sariète.

Le Tim.

La Tripe-Madame.

OBSERVATION.

Il faut remarquer qu'il y a plufieurs de ces Plantes, dont nous venons de voir les diférentes Claffes, que l'on multiplie, par Marcotes, par Rejettons,

F v

& par Boutures. Il faut enseigner comment cela se fait.

1. *Multiplier les Plantes par Marcotes.*

On choisit, dans une Plante, ou dans un Arbre, une branche forte, vigoureuse, & la plus propre à être marcotée. On fait, vers le bas de cette branche, une entaille : & dans cette entaille, on fait entrer un peu de terre fine. Cela fait, on couche cette branche trois, ou quatre pouces dans la terre ; où l'on l'arète par un petit crochet de bois.

Lorsque cette branche est enracinée, on la sépare de la Plante, dont elle faisoit partie : on la transplante ailleurs avec un plantoir de bois : & alors elle commence à être une nouvelle Plante. Il seroit bon, quand on la lève, de laisser aux nouvelles racines le plus de terre qu'il est possible : parce que la Marcote transplantée, reprend plus promptement.

Lorsque les branches, dont on veut faire des Marcotes, ne peuvent se courber ni être abaissées dans la terre, sans risquer de les rompre, on se sert d'un cornet de fer blanc, où l'on fait entrer la Marcote, & qu'on remplit ensuite de bonne terre. On atache ce cornet à quelque branche, ou à quelque autre chofe, afin de le tenir fufpendu en l'air. S'il fait alors de grands hâles, il faut durant quelques jours défendre les Marcotes, foit nouvellement faites, foit nouvellement tranfplantées, des ardeurs impitoyables du Soleil.

2. *Multiplier les Plantes par Rejetons.*

Un Rejeton, c'eft une branche, qui fort du pié d'une Plante, & qu'on en fépare, pour faire une nouvelle Plante. S'il fe rencontre quelques petites racines au bas du Rejeton, on le nomme *Rejeton enraciné :* & alors on eft prefque affeuré, qu'il reprendra. S'il n'y a point de racines, on l'apelle *Rejeton non enraciné* ; & dans ce cas, on ne peut pas fe flater d'un fuccès immanquable ; parce que ces fortes de Rejetons ne prennent pas quelquefois racine. Il y a pourtant des Plantes, dont les Rejetons ne manquent prefque jamais : comme font ceux des Grofeilliers, des Framboifiers, &c.

3. *Multiplier les Plantes par Boutures.*

Une Bouture, c'eft une branche, qu'on prend dans une Plante, dans un Arbre, ou dans un Arbriffeau, & qu'on

fiche, fans autre cérémonie , en terre.
On doit choifir les branches , qui ont
le plus d'aparence de vivacité. Il eft
important de les planter encore toutes
fraîches. L'Ofier ne manque quafi jamais à reprendre de Bouture. Quelques
Curieux , bien entendus en fait de Végétation , laiffent tremper durant quelques jours leurs Boutures dans de l'eau;
& j'eftime , que cette pratique eft excélente , pour les déterminer à faire plus
vîte des racines.

Le fuccès feroit infaillible , fi l'on
métoit ces boutures dans des fioles pleines d'eau , & bien expofées au Soleil :
En changeant l'eau tous les jours dans
les grandes chaleurs , on feroit affuré de
leur voir bientôt jèter de petites racines;
& que la tranfplantation , qu'on en feroit enfuite , auroit tout l'éfet , qu'on
peut défirer. C'eft ce que j'ai expliqué
amplement dans mes Principes fur la
Végétation. *I. Partie , chap. xi. p.* 321.

Il s'agit maintenant de la culture de
toutes ces Plantes Potagéres ; & fur
tout de défigner le tems de l'année où il
les faut femer , & tranfplanter , pour
en tirer de belles & avantageufes productions.

Si je parlois de chaque légume en
particulier , comme a fait *Mizaldus* ,

dans fon excélent Livre *de Hortorum cu-râ*, cela demanderoit beaucoup d'éten-duë, & obligeroit à des redites conti-nuelles, & ennuyeufes. Il faut laiffer ces infipides détails à ceux, qui veulent faire un gros Livre, à la vûë duquel on ne manque jamais de fe récrier : *Rudis, indigeftaque moles.*

Mais afin de ne laiffer rien à fouhai-ter de tout ce qui eft néceffaire pour la culture du Jardin Potager, je raffem-ble tous les foins, & tous les détails, où un Jardinier diligent doit entrer, fous le titre de chaque mois de l'année. Tout d'une vûë on découvre tout ce qu'il eft à propos de faire dans chaque faifon. Et quand il s'agit d'une Plante, qui demande une culture plus délicate, & plus fuivie, j'en donne toute la pra-tique de fuite, & détaillée, jufqu'aux moindres particularités. C'eft, pour exemple, ce que je ferai à l'égard des Mélons, qui demandent une plus gran-de attention : Et pour exécuter mieux cela, quand la matiere eft trop ample, j'en fais un article exprès & féparé. Il en fera de mémé pour les Orangers, pour la Vigne, & pour la taille des Arbres Fruitiers. C'eft ce que je fuis obligé de faire, afin de ne pas interrompre, par des difcours d'une longue étenduë, la fuite

ARTICLE II.

L'Année du Jardin Potager : Ce qu'il y faut faire ; & ce que l'on en doit recüeillir dans chaque Mois.

JANVIER.

ON laboure le Jardin, ſi la gelée n'y met pas d'obſtacle.

On fait des couches de fumier, pour y ſemer des Concombres hâtifs, des Mélons, des Raves, des Laituës, du Cerfeüil, du Creſſon.

Comme l'Eſtragon, le Baume, & les Cives ne ſe multiplient point de graine, on en plante des rejetons, trainaſſes, ou boutures ſur la couche, de la même maniere, qu'on les met en pleine terre.

Il faut remarquer que tout ce qui ſe ſéme dans ce tems-ci, doit être mis ſous des cloches de verre, ou ſous des chaſſis; & ſur des couches de fumier.

I. Comment on fait les couches de fumier.

1. On ne fait des couches qu'avec du grand fumier de Cheval, ou de Mu-

let. Ce fumier doit être neuf : c'eſt-à-
dire, qu'il doit être employé dans le
tems, qu'il ſort de deſſous les Chevaux.

2. On donne quatre piés de largeur à
une couche : Quant à la longueur, elle
eſt arbitraire.

3. Il faut que cette couche ſoit placée à un bon abri, & dans une belle expoſition.

4. La hauteur du fumier doit être
d'environ deux, ou trois piés. On ne
ſauroit manquer de la tenir haute, parce qu'elle baiſſe toûjours inſenſiblement.

5. On met ſur ce fumier un demi pié
de terreau, qui eſt un fumier ſi vieux,
qu'il eſt abſolument changé en une terre
noire, meuble, legere, ſans avoir aucune aparence de ce qu'il a été dans ſon
origine.

C'eſt dans ce terreau, qu'on dépoſe
les graines des Plantes, qu'on veut rendre hâtives.

Quand la couche eſt ainſi diſpoſée,
on la laiſſe ſe ralentir durant ſept, ou
huit jours, après leſquels ſa plus grande
chaleur eſt paſſée. Ce qui doit être ainſi, parce que la chaleur en eſt d'abord
ſi violente, qu'elle brûleroit les graines,
qu'on y ſemeroit.

Lorſque la chaleur eſt moderée, &
que le terreau eſt bien dreſſé, on y ſéme

ſes graines , ou à plain champ , ou par
rayons.

II. Semer par Rayons.

On trace , ſur le terreau de la couche,
de petites rigoles droites , & profondes
de deux pouces , dans leſquelles on ſéme
fort dru la graine , qu'on couvre enſuite avec un peu de terreau , en le répan-
dant doucement deſſus. On entend de
reſte ce que c'eſt que ſemer à plain
champ.

On met auſſi-tôt après,ſur ces graines,
des cloches de verre , pour conſerver la
chaleur de la couche , & pour mètre les
ſemences à l'abri du froid , qui les em-
pêcheroit de germer , & de végéter.

Si on s'aperçoit que la couche ſe re-
froidiſſe , il la faut réchaufer de tems
en tems , en métant à l'entour un fumier
tout neuf.

Ces couches , & ces cloches ne ſont
point néceſſaires dans les climats chauds.
Tout y vient à plaiſir, ſans ces ſecours,
que la froidure mortelle aux Plantes ,
nous a fait inventer , afin de corriger les
incommodités , où elles ſont expoſées
dans les climats Septentrionaux. Mais
avec les couches , & les cloches, il n'eſt
point de Plante ſi délicate , & ſi ennemie du froid , qu'on ne détermine à vivre dans nos Jardins.

Quelquefois, pour foûtenir la chaleur, & l'action de ces couches de fumier, on couvre les cloches de grand
fumier fec, ou bien de paillaffons : &
par là on met les Plantes en état de fubfifter malgré les plus grandes gelées.

Lorfqu'on veut faire la dépenfe d'a-
voir des Chaffis de verre, qui font comme de petites Serres vitrées, portatives,
pour mètre fur les couches, on peut élever, & conferver ici par leur moyen,
durant le plus fort hiver, tout ce que
l'Orient, & l'Occident ont de plus tendre, & de plus précieux en fait de Plantes. Je n'en donnerai pas de meilleure
preuve, que ce que chacun peut voir
de miraculeux, fous les Chaffis de verre, qui font au Jardin Royal des Plantes.

Dans les gelées âpres, & pénétrantes,
on donne à ces Chaffis de verre des cou-
vertures de grand fumier, ou bien de
paillaffons ; après avoir enfoncé dans le
terreau les pots, où font les Plantes,
que l'on veut défendre contre le froid.

La commodité de ces Chaffis, c'eft
que l'on y conferve des Plantes, & des
Arbriffeaux, que les cloches de verre ne
peuvent pas contenir.

Lorfqu'il ne gèle point, on découvre les Chaffis le matin, & on les re-

couvre le foir. Dans les chaleurs, on
ouvre toutes les fenêtres des Chaffis.

III. Couches, pour avoir des Champignons.

Les couches, fur quoi viennent les
Champignons, fe font de la même maniere, que l'on fait celles pour femer :
à l'exception que les couches, pour les
Champignons, doivent être enfoncées
d'un demi pié dans la terre ; & qu'on
ne les couvre que de l'épaiffeur de trois
doigts de terre.

On les arrofe de tems en tems ; &
quoi qu'on faffe, elles ne donnent des
Champignons qu'au bout de trois, ou
quatre mois.

Pendant tout le mois de Janvier, on
continuë de femer fur couche, & fous
cloche des laituës à replanter. Il n'eft
pas néceffaire de couvrir de terre la graine de Laituë, ni la graine de Pourpier.
Il fufit qu'elle touche à la terre.

On féme encore fous cloche, & fur
couche, les Laituës, nommées la Crêpe
blonde, la Royale, la Courte, & la
Coquille.

On fème auffi de la même maniere
la Poirée à replanter, la Bourache, la
Buglofe, la Bonne-Dame.

IV. La Culture des Melons.

On ne commença à connaître l'excellence du Melon, que du tems de Pline. Ce fut aux environs de Naples, qu'on en fit l'hûreuſe découverte. L'agréable odeur, & le bon goût qu'on lui trouva, fit qu'on ſe mit à le cultiver avec ſoin : & il ſe fit en peu de tems une réputation, qui ne reconnaît point aujourd'hui de bornes. Les Grands de Rome & d'Italie, en étoient fort friands. L'Empereur *Clodius Albinus*, le plus vorace animal, qui ait jamais été dans la Nature, l'aimoit paſſionnément. Jule Capitolin nous aprend que ce Gourmand, *en un ſeul déjeuné, mangea un cent de Pêches, dix Melons, vingt livres de Raiſin, cent Beccaſigues, & trente-trois douzaines d'Huîtres. J. Capitolin, vit. Clod. Albin. cap. 11.* Aparemment que les dix Melons que cet *Albinus* dévora, n'étoient pas ſi gros, que ceux qui craiſſent au Pérou dans la Vallée d'Yca, & dont la plûpart pézent cent livres. Quoiqu'il en ſoit, ce fruit a aſſez de part parmi les délices des bonnes tables, pour mériter, que nous donnions la bonne maniere de le cultiver.

1. Les Melons ſe ſément ſous cloche,

& fur une couche bien expofée , toute
neuve , & qui a encore prefque toute fa
chaleur. Dans les Provinces , où l'on a
du marc de raifin , on ne feroit pas délicat en fait de Melons , fi l'on n'en mêloit point dans le terreau , qui fait le
deffus de la couche. C'eft le moyen d'a-
voir des Melons d'une bonté finguliere.

2. Pour avoir des Melons de bonne
heure , on en féme la graine à la pleine
Lune de Janvier : c'eft-à-dire, vers la fin
de ce mois , ou au commencement de
Février. Il eft inutile de dire, qu'il faut
s'être pourvû de graine , qui vienne de
bons Melons.

3. Une pratique qu'il ne faut point
négliger ; c'eft de mètre tremper , durant vingt-quatre heures , la graine dans
de bon vin , adouci par un peu de fucre,
avant que d'en confier le dépôt à la terre. On en ufe ainfi , pour imprégner la
graine d'une effence vineufe , & fucrée,
qui doit paffer dans le fruit , pour lui
donner ce goût doux , fucrin , & vineux , fans quoi un Melon n'eft pas
cenfé excellent.

Il y a encore un autre avantage à donner ce bain délicieux à la graine de Melon : c'eft que le vin , & le fucre font de
merveilleux agents , pour hâter la végétation des Plantes , & fur tout dans les

Melonnieres. Car enfin de tous les fels,
qui fe tirent des Végétaux, il eft certain que les fels du vin, & du fucre,
font ceux qui ont plus d'analogie, & de
convenance avec les Melons, & qui
leur peuvent mieux donner ce goût fin,
& exquis, en quoi confifte leur bonté.
Le fucre, foit celui des Anciens, auquel
ils n'avoient pas l'art de donner de la
confiftence, & de la dureté ; foit celui
d'aujourd'hui, qu'on tire des Cannes,
ou Rofeaux, & que les Arabes nous ont
les prémiers apris à cuire, & à durcir
en confiftence de pierre, contient un
baume vivifique, qu'on ne fauroit trop
eftimer. Il furpaffe en bonté le miel tant
vanté des Anciens ; & il n'en doit guére à la Manne, que Dieu faifoit pleu-
voir dans les Deferts pour la nouriture
des Juifs, & de leurs troupeaux. M.
Bochart affeure que cette Manne étoit
ce que nous nommons maintenant du
fucre. *Bochart. Hieroz. Part. 1. Lib. 2.
c. 46.* En éfet Elien raporte, qu'aux
environs du Gange, il tombe du Ciel,
au Printems, & en Autonne, fur les
Plantes, & fur les herbes des Prés, &
des Marais, un fucre liquide, qui rend
le lait des beftiaux, tout-à-fait délicieux, & dans lequel il n'eft pas befoin
de mètre du miel, comme font les Grecs.

Paſtores lac ſuaviſſimum exprimunt, nec è mel miſcere opus habent, quomodo Græci faciunt. Hiſt. Animal. Lib. 15. *c.* 7. Ce qui ſoit dit, ſans vouloir élever le ſucre à la dignité de la Manne des Deſerts, qui étoit miraculeuſe en tant de manieres. 1°. Elle tomboit tous les jours de l'année ; & non pas ſeulement dans le Printems, & dans l'Autonne. 2°. Elle ne tomboit point le jour du Sabat, & il en tomboit le double le jour précedent. 3°. Elle ne tomboit pas ſeulement ſur les herbes, mais encore ſur les pierres & ſur les rochers. 4°. En ſi grande abondance, que tout ce grand peuple, avec ſes troupeaux, en étoient ſuffiſamment nouris. 5°. La Manne des Deſerts n'étoit pas ſeulement médecinale, comme étoit celle des environs du Gange, & celle de la Calabre, & de l'Italie ; mais elle avoit encore une vertu alimentaire & nutritive. 6°. Elle ne ſe gardoit point pour le lendemain : autrement elle ſe trouvoit pleine de vers, & toute corrompuë. 7°. Elle avoit la figure des grains de Coriandre, & celle dont parle Elien, étoit liquide. 8°. La Manne avoit un goût diférent ſelon les divers apétits des Juifs. *Exod. Chap. XVI.*

4. Pour ſemer les Melons, on fait avec le Plantoir dans la couche un trou

d'environ trois doigts de profondeur :
on y dépofe trois graines, qu'on couvre
de terre; & auffi-tôt on met une cloche
par deffus. Quand les graines font le-
vées, on arache les deux moindres Plantes naiffantes, pour conferver, & faire
vivre plus graffement la troifiéme.

5. Lorfque les Melons ont quelques
feüilles, on rompt tout doucement les
deux Oreilles, ou Amandes, qui ne
font autre chofe,que les deux lobes de la
graine, qui font forties de la terre, &
qui ne font pas des feüilles. En retranchant ces Oreilles, la fève, qu'elles tiroient, paffe à la tige, qui n'en peut
trop avoir. Pareillement,quand cette tige fe fait un peu longue, on arête le
montant, en pinçant l'extrémité, qu'on
retranche. On rompt auffi quelques
jours après, les quatres prémieres feüilles, afin de forcer la jeune plante à pouf-
fer deux bras, qu'on ne manque pas d'a-
rêter auffi dans la fuite.

6. Lorfque les jeunes plantes ont
quatre ou fix feüilles, on doit les replanter. Pour avoir des Melons de bonne heure, il faut les replanter fur couche,
& fous cloche. A Langeais, d'où viennent tant de bons Melons à Paris, on
les replante en pleine terre : & ils y réuf-
fiffent fort bien : mais cette terre eft

amendée avec de bon terreau.

On les replante autour de Paris de cette sorte. On leve de deſſus la couche la jeune plante avec la plus groſſe motte qu'il eſt poſſible. On fait dans la cou-che, où l'on la veut replanter, un trou convenable, pour l'y placer aiſément. Puis on remplit ce trou du terreau, qui fait le deſſus de la couche. On les re-plante à deux piés loin l'un de l'autre.

7. Il faut, autant qu'il ſe peut, faire cette tranſplantation par un beau tems, en évitant cependant la grande chaleur du jour : parce qu'elle fatigueroit le jeu-ne plant. On peut commencer cet ou-vrage deux heures avant le Soleil cou-chant.

8. Il eſt de la derniere importance de remètre auſſi-tôt les cloches ſur ces Me-lons tranſplantés ; & même afin que le Soleil ne les afoibliſſe pas, il faut mè-tre des paillaſſons ſur les cloches. Ces paillaſſons doivent être en forme de toît, & portés ſur des eſpéces d'échalas, ſoû-tenus par de petites fourches de bois : car enfin il ne faut pas les étoufer, en voulant les défendre du froid. Pour ce qui eſt de la nuit, il n'y auroit pas de mal que les paillaſſons portaſ-ſent ſur les cloches mêmes, parce que dans ce tems-là il y a des nuits terrible-ment

ment froides, & mortelles pour ces Plantes tendres, & délicates.

9. C'eſt l'uſage, autour de Paris, de laiſſer les cloches ſur les Plantes juſqu'à ce que le fruit ſoit beaucoup plus gros qu'un œuf de Poule. On a ſoin dans les beaux jours de leur donner un peu d'air, en ſoulevant un peu la cloche avec de petites fourchettes de bois. Mais tant qu'il y a à craindre des nuits piquantes, ſur le ſoir on ôte les fourchettes, afin que toute la cloche porte ſur la couche.

10. Quand le tems eſt chaud, & ſec, il faut aroſer les Melons tous les trois jours, ſur les ſept à huit heures du matin, d'une eau, un peu échaufée au Soleil.

11. Lorſque les Melons ont bien repris, & qu'il ont pouſſé pluſieurs feüilles, on les pince; c'eſt-à-dire, qu'on coupe le montant, afin d'obliger la ſéve à pouſſer des bras, qu'on arête auſſi à leur tour, lorſqu'ils ont chacun cinq ou ſix feüilles. On continuë de les tailler au mois d'Avril. Il faut ſans ceſſe les ſoigner.

12. Quand les Plantes ont des fleurs, il faut les réchaufer, en métant du fumier tout neuf autour de la couche. C'eſt par là qu'on s'aſſure de ces fleurs, qu'on les empêche de couler, & qu'on

les difpofe à noüer. On connaît que le fruit eft noüé, s'il eft d'un beau vert, s'il groffit à vûë d'œil, tandis que la fleur fe fanne, & dépérit.

13. Lorfque le fruit paraît ainfi vigoureux, il faut arêter les trainaffes, en les coupant un demi pouce au-deffus du fruit; ou, pour plus d'exactitude, & de fureté, au nœud, qui eft le plus proche de celui, où eft le fruit. C'eft alors qu'il faut même faire main baffe fur les fauffes fleurs; fur les feüilles trop nouries, & gourmandes; fur les jets; fur les bras, où il n'y a point de fruit; & fur tout ce qui pouroit févrer nos tendres fruits du fuc nouricier, que nous leur devons conferver en entier. Il n'y a prefque point de femaines, où les bons Jardiniers ne reviennent à faire ces fortes d'amputations.

14. Quand les Melons deviennent gros, & que les nuits commencent à être chaudes, on ôte abfolument les cloches, & alors il les faut arofer tous les trois jours fur les cinq heures du foir, jufqu'à ce qu'ils aient prefque ateint leur groffeur parfaite: après quoi il ne faut plus du tout leur donner à boire, quelque foif qu'ils paraiffent avoir. Il y a des Curieux qui prétendent qu'en arofant la Plante, il faut fe donner de garde d'en

moüiller le pié ; de peur qu'il ne s'y engendre quelque pouriture.

15. Il y a des Jardiniers aux environs de Paris, qui laiſſent trois, ou quatre Melons ſur une Plante : mais j'en connais de fort expérimentés, qui témoignent qu'ils ſeroient contents, ſi chaque Plante leur en donnoit deux bons. Pour moi je ſerois d'avis qu'on n'y en laiſsât jamais plus de trois ; comme on fait au Potager du Roy.

16. Lorſque le Melon commence à meurir, il faut ôter les feüilles qui ſont deſſus, afin qu'il profite de la chaleur du Soleil ; obſervant toûjours pourtant qu'il ne le faut pas trop hâter de meurir en aucune maniere. On peut dans ce tems-là mètre un petit tuilleau, ou une ardoiſe deſſous, tant pour le garentir de la trop grande humidité de la terre, qui pouroit le gâter, qu'afin de l'empêcher de contracter le mauvais goût de la couche.

17. Pour achever ſa parfaite maturité, il eſt bon de le tourner de côté, & d'autre, durant trois ou quatre jours, avant que de le cuëillir.

Enfin c'eſt une affaire des plus obſcures, que de s'aſſûrer, ſi un Melon eſt excélent. Nos Maraichers de Paris qui conduiſent de grandes Melonnieres, conviennent tous , qu'il n'y a point de marques , fur quoi on puiffe certainement compter dans le choix d'un bon Melon. On nous dit feulement en général , qu'il doit être pezant , ferme à la main , bien brodé. Mais après tout il n'y a pas en tout cela des augures certains. Le plus feur , pour ceux qui les achetent , c'eft de les prendre à la fonde , à la coupe. Et alors quand on trouve qu'un Melon a l'écorce mince , qu'il fent un peu le goudron ; qu'il eft fec , & vermeil ; & qu'il eft bien meur, & bien fucrin , on doit le juger digne de paraitre fur la table d'un honnête homme. Franchement les bons Melons font auffi rares que les bons amis : ce qui a donné lieu au petit Quatrain fuivant.

Les Amis de l'heur préfente
Reffemblent au Melon :
Il en faut au moins fonder trente ;
Pour en trouver un bon.

On rafraichit les Melons , comme le vin , dans de l'eau bien fraiche : & on efpére qu'ils feront bons , quand ils fe précipitent au fond de l'eau.

Pratique d'une Personne de Condition, pour avoir de bons Melons.

Comme je ne veux rien négliger de tout ce que j'ai pû découvrir par les expériences de nos fameux Jardiniers, & par les mémoires que des Personnes curieuses m'ont communiqués, pour perfectionner la culture des Plantes Usuelles, je mêtrai ici, ce qu'un homme considérable par beaucoup d'endroits, m'a donné pour la culture des Melons.

La graine de Melons trempée durant deux jours dans du vin muscat, produit des Melons d'un goût vineux, sucrin, & parfumé. On fait chez moi plus que cela, ajoûte cet homme de condition : mon Jardinier a la patience d'ouvrir avec dextérité un certain nombre de graines par le petit bout, d'où le germe doit sortir. En cet état il les met macérer durant vingt - quatre heures, dans de bon vin, sucré, & ambré, après quoi il les fait un peu sécher au Soleil ; & les séme dans de la terre bien amendée avec du fumier de Chévre. Il en vient des Melons d'un goût admirable, & beaucoup plus gros, qu'ils ne sont d'ordinaire.

Il a observé que la graine du milieu du Melon, fait des Melons gros & ronds

La graine , qui eſt priſe dans le côté du Melon , qui a touché le plus long-tems à la terre , produit des Melons plus doux , & plus vineux.

La graine du côté de la queuë , donne des Melons longs , & mal faits.

Enfin la graine , priſe au bout , où étoit la fleur , forme des Melons bien conditionnés , agréablement figurés , & brodés.

Quant au tems , où il faut exécuter tout ce que j'ai dit ſur la culture des Melons ; cela eſt marqué daus les ouvrages de chaque mois. C'eſt-là qu'on trouvera ſans peine le véritable tems de toutes les pratiques , que je viens de preſcrire. Elles ſont là dans leur place naturelle : & je ne les pouvois mètre ici , ſans trop groſſir cet article , qui nous auroit trop fait perdre de vûë la ſuite des travaux du mois de Janvier , où j'ai déja renfermé pluſieurs inſtructions fort longues.

Au reſte le Melon rafraichit , & humecte beaucoup. Il tempere les ardeurs du ſang , il réjoüit le cœur. Il eſt diuretique , c'eſt-à-dire , qu'il provoque l'urine. Mais l'excés en eſt très-dangereux , parce que ſa froideur , & ſon humidité le rendent de dificile digeſtion : & quand il reſte trop long-tems dans l'eſtomach , il ſe corrompt , dit Dodonée , & cauſe des fiévres malignes. *In ventriculo autem ſi diutiùs hæreat , corrumpitur , & malignis febribus occaſionem præbet. Pemptad. V. Lib. 2. cap. 2. pag. 635.*

Récolte.

On peut avoir dans ce même mois , par le moyen des couches , de belle Oſeille , du Perſil , de la Bourache , de la Bugloſe , de petites Laituës à couper , avec leurs fournitures ; du Baume , de l'Eſtragon , du Creſſon Alenois, du Cerfeüil tendre.

On peut avoir quelques Champignons , ſi on a eu ſoin de couvrir avec de grand fumier, les couches faites dez l'année précedente.

Si le froid n'a pas été trop piquant , on aura des Raves , du Porreau , de la Ciboule , de la Pimprenelle : même des Aſperges rougeâtres, & vertes, qui ſont meilleures , dit M. de la Quintinie, que celles qui viennent ſans art, en Avril & Mai : Il ne faut point diſputer des goûts : mais beaucoup de gens , qui ne l'ont pas mauvais, ne ſeroient pas de celui de M. de la Quintinie.

FE'VRIER.

On fait preſque les mêmes choſes,

que dans le mois de Janvier.

On féme l'Oignon , le Porreau , les
Ciboules , l'Oseille, les Pois hâtifs, les
Fèves de Marais , la Chicorée Sauvage , & même la Pimprenelle. On supo-
se que la terre n'est pas gelée , ni couverte de néges.

On replante, pour les faire pommer
sous cloche , les Laituës à coquille , semées dez l'Autonne,à la faveur de quelque bon abri.

Sur tout on replante les Laituës à
crêpe-blonde , qu'on a semées en Janvier.

Vers la fin du mois,on féme du Pourpier sous cloche.

Le Pourpier doré est trop délicat,
pour être semé avant le mois de Mars.

On replante des Concombres , &
des Melons sous couche , en cas qu'ils
soient assez forts.

On féme les prémiers Choux pommés : & on replante ceux , qu'on avoit
semés dez le mois d'Août.

On fait des couches pour les Raves,
& les petites salades , & pour tout ce
qu'il faut replanter en pléine terre.

On réchaufe les Asperges.

On entretient les réchaufemens des
Fraisiers , qui sont sur couche, afin d'a-
voir des Fraizes de bonne heure.

On fait des labours, si la saison est
douce, & le permet.

Récolte.

On n'a, dans ce mois-ci, que ce que
l'on a conservé dans la serre ; & ce
que l'on a pû obtenir de la terre par le
secours des couches, & des réchaufements ; c'est-à-dire, les petites Salades,
l'Oseille, les Raves, les Asperges.

MARS.

Vers le 15 de Mars, on fait des couches, pour replanter des Melons. Il n'y
a plus à diférer.

On séme presque toutes sortes de
Laituës ; & sur tout celles, qu'on veut
replanter vers le commencement de
Mai.

Les Choux pommés pour l'arriere
saison.

Les Choux fleurs, les Chicons.

On séme des Raves en pleine terre :
& pareillement la Bonne Dame.

Les Citroüilles sur couche, pour les
replanter au commencement de Mai.

On ne replante encore rien en pleine
terre, si ce n'est des Laituës Romaines ;
parce que la terre n'est pas encore assez
échaufée.   G v

On fait des planches & des quarrés de Fraisiers.

On séme pour la troisiéme fois des Pois, & particulierement les gros Pois quarrés.

Un peu de chicorée, afin de la faire blanchir pour la Saint Jean. Le Céleri, afin d'en avoir en Septembre.

Le Pourpier doré sur couche, & sous cloche.

On replante les Choux pommés, & les Choux de Milan.

On séme la graine d'Asperges.

On plante les quarrés d'Asperges. On en met deux, ou trois piés ensemble. On les plante à un pié & demi les uns des autres. On en met trois rangs sur une planche de quatre piés de large.

On fait encore quelques couches pour les Raves, qui finiront, lors qu'on recommencera d'en avoir de semées en pleine terre.

On replante le Porreau, l'Oignon, l'Ail, les Echalotes, les Rocamboles, les Choux blancs, les Pancaliers, les Capres-Capucines.

On donne le labour à toutes sortes de Jardins.

On commence à découvrir les Artichaux ; supofé qu'il n'y ait plus de forte gelée à craindre.

On féme en pleine terre l'Ofeille, la Ciboule, le Perfil, le Cerfeüil, la Chicorée fauvage, les Carottes.

Récolte.

Les Couches nous donnent en abondances dans ce mois-ci des Raves, de petites Salades, de l'Ofeille, des Laituës pommées fous cloche.

On a des Afperges réchaufées.

AVRIL.

Nous voici dans le tems des plus grands travaux du Jardinage. Tout fe préfente à la fois ; & il eft dificile de fe trouver par tout : mais il eft des embaras plus inquiétants, & dont on tire moins de refources.

Il n'eft plus permis de remètre les labours pour les légumes.

On plante, ou l'on féme Laituës, Porrée, Choux pommés, Bourache, Buglofe, Eftragon, Baume, Violette, Artichaux, Corne de Cerf.

On découvre les vieux Artichaux; c'eft-à-dire, que l'on ôte les fumiers qui les défendoient contre les rigueurs de l'Hiver. Après cela on les laboure. On les œilletonne, & on en plante des œilletons.

G vj

Oeilletonner les Artichaux, c'eſt décharger, & éclaircir ceux qui ſont forts ; & qui ont beſoin d'être ſoulagés. Ces œilletons qu'on en détache, doivent être plantés avec ſoin ; & quoiqu'il ne paraiſſe aucune racine à leur talon, ils ne laiſſent pas de reprendre ; pourvû qu'ils ſoient un peu gros, & blancs. Ils donnent leurs prémieres pommes en Autonne.

On pince les Pois, ſemés en Octobre ; parce qu'ils ſont préſentement fleuris. Les pincer, c'eſt les tailler au-deſſus des prémieres fleurs. Les bras qui naiſſent à l'occaſion de cette taille, ſe coupent auſſi : & cette opération ſe fait, au-deſſus des deux prémieres fleurs.

On taille les Melons, & les Concombres. On réchaufe les vieilles couches, pour y ſemer de nouveaux Concombres, afin d'avoir vers le commencement de l'Autonne des Cornichons à confire, & des Concombres pour la Cuiſine.

On nétoie les allées des Jardins : on ſarcle, c'eſt-à-dire, on arache les méchantes herbes, qui ſe montrent parmi les bonnes Plantes.

On ſerfoüit les Fraiſiers, les Pois, les Laituës replantées, pour rendre la terre meuble, afin de recevoir les pré-

mieres pluies, qui tombèront. Les
pluies de ce mois font précieufes : & fi
ce n'eft pas en bonne rime, c'eft au
moins avec beaucoup de fens, que les
gens de la campagne difent :

La Rofée de Mai, & la pluie d'Avril,
Surpaffent en valeur le Char du Roy David.

On féme la Chicorée blanche en
pleine terre, où elle doit blanchir, fi elle eft femée fort claire.

Les Cardons d'Efpagne, & l'Ofeille, fi on en a befoin.

On donne un peu d'air aux Melons,
qui font fous cloche.

On replante avec le plantoir les
Raves, qu'on veut laiffer monter en
graine.

On fait des bordures de Tim, de
Sauge, de Marjolaine, d'Hifope, de
Lavande, de Ruë, d'Abfinte, de Ro-
marin, de Vio'ette double, de Violet-
te fimple, de Sariéte, de Fraifiers, de
Boüis.

On replante les Laituës du Printems, pour pommer.

On tranfplante les jeunes Fraifiers,
des Bois dans les Jardins.

On féme des Féves, & des Haricots.

On choisit les plus belles Laituës,
pour les mètre en planches, afin qu'elles y montent en graine.

Si les Roux-vents, qui sont secs, se
mètent en campagne, comme c'est
l'ordinaire dans ce mois-ci, il faut faire
d'amples aroséments dans tout le Potager, afin de remédier à la mortelle sécheresse, que produisent ces vents dévorants.

Nous ne savons pas ce que la Lune
fait de bien, ou de mal aux Plantes ; &
je me range volontiers du parti de ceux,
qui ne veulent pas qu'on ait égard, en
fait de Jardinage, à l'état où est la Lune : Il importe en éfet très-peu, d'ob-
server, si elle est nouvelle, ou pleine,
ou en decours, quand on veut semer,
ou planter. Cependant ceux-là mêmes,
qui sont les plus déchainés contre ces
observations, ne laissent pas de nous dire dans leurs Livres, que la *Lune Rousse*
est sujette à être venteuse, froide, &
séche, & que c'est la plus dangereuse
ennemie de la Végétation.

On pince les montans des Fraisiers :
ce qui se fait en retranchant les premieres fleurs, pour ne laisser que les premieres, qui en deviennent plus belles,
& plus fortes.

Récolte.

On commence à jouir avec abondance des fruits de son travail. On a des Raves, des Epinars, de belles Salades, avec des fournitures fort amples. Dez le commencement du mois on a des Laituës Crêpes-blondes pommées, qui ont été élevées sur couches : Des Asperges venuës sans artifice.

Des Fraises par le secours des couches, & des chassis de verre.

M A Y.

Comme c'est dans ce tems-ci, que la Nature est riante & enjoüée, qu'elle ouvre ses trésors, & étale toute sa magnificence, un Jardinier doit se précautionner contre les méchantes herbes, qui, par leur trop diligente Végetation, épuisent la terre, volent la nouriture des légumes, & les étouferoient infailliblement, si on n'arêtoit pas ce désordre, en sarclant, labourant & nétoiant sans relâche le Jardin Potager.

Il est tems de planter les Choux-fleurs, les Choux de Milan, les Capres-capucines, les Choux d'Hiver. C'est maintenant la vraie saison.

On acheve d'œilletonner les Artichaux.

On plante de la Poirée pour Cardes. On ne la plantera pas mal, si on la met parmi les Artichaux.

Les Melons commencent à noüer.

On séme les Laituës de Gènes ; on en replante. On en replante d'autres aussi.

On séme encore de la Chicorée, pour en avoir à la fin de Juillet.

On lie les Laituës, qui semblent être paresseuses à pommer.

On replante en pleine terre des Melons, des Concombres, des Citroüilles comme ces dernieres aiment à boire copieusement, on fait autour d'elles de petites fosses, pour retenir l'eau de la pluie, & celle des arosements.

On séme un peu de gros Pois. On rame les autres, qui doivent être déja forts. On les serfoüit en même-tems.

On replante du Pourpier, pour en avoir de la graine.

On continue de tailler les Melons, afin de leur retrancher les bras, ou branches inutiles, qui leur nuisent. Il faut aussi racourcir les bras qu'on y laisse.

On commence vers la fin du mois à planter du Celeri. Durant tout ce mois, au défaut des pluies abondantes, on

doit supléer par d'amples arofements.
Il ne faut point s'épargner là-deffus.
Sans l'eau jointe à la chaleur, point de
Végétation. L'eau diffout les fels de la
terre ; & dans cette diffolution, les racines les faififfent, pour la nouriture
des Plantes.

Règles generales pour les Arofements.

Quand les Plantes, qui font en Hiver, dans la ferre, ont befoin d'être humectées, on arofe la terre doucement,
deux heures après le Soleil levé : Il ne
faut jamais moüiller la Plante. On ne
fait pas de mal de fe contenter de mètre le bas du pot dans l'eau à la hauteur
de trois doigts.

En Eté on arofe le foir, & jamais,
difent quelques-uns, le matin, de peur
que l'exceffive chaleur échaufant trop
l'eau, ne tourmente les Plantes. Nos
Maraichers de Paris arofent pourtant
leurs légumes durant tout le jour : & ils
ne s'en trouvent pas mal.

M. de la Quintinie défend de fe fervir jamais d'eau échaufée, & tiéde,
pour les arofements. Il prétend avoir reconnu par l'expérience, qu'une telle eau
eft funefte à toutes fortes de Plantes.
Cependant quelques Curieux s'en fervent fans façon.

On doit replanter jufqu'à la fin de Mai des Chicons, des Crêpe-vertes, avec les autres Laituës, qu'on nomme, Aubervilliers, afin d'en avoir au mois de Juin.

Récolte.

On a maintenant une moiffon de tou-tes fortes de verdures. Tout fe livre à fouhait dans les Jardins : Salades, Ra-ves, Afperges, Concombres. Les Poix, & les Fraifes commencent à fe mètre de la partie, & à nous gratifier des foins, que nous en avons pris.

Sur la fin du mois abondance de frai-fes.

JUIN.

Amples arofements ; fans quoi rien ne réüffira ; & fur tout, pour les Con-combres, & les Melons.

On receüille la graine de Cerfeüil, & toutes les autres graines qui fe trouvent mûres.

On féme de la Chicorée, & de la Laituë.

On replante des Cardes de Poirée, le Porreau.

On féme des Pois, pour en avoir en Septembre.

On rame les Haricots.

. Il faut faire une guerre implacable aux méchantes herbes.

On doit dans ce tems-ci donner un labour univerfel dans tous les Jardins. Les terres fortes,& humides fe labourent en tems fecs. Les terres légeres demandent d'être travaillées après, ou durant même la pluie : & très-peu devant.

On fait la tonture des Bouis.

Récolte.

On a dans ce tems-ci une forêt d'herbes Potageres.

Abondance d'Artichaux, de Cardes, de Poirée, de Pois, de Fèves, d'herbes fines ; favoir Tim, Sauge, Sariète, Hifope, Lavande. On a les Pourpiers, les Laituës Romaines, les Haricots.

On commence à tâter d'un peu de Choux pommés, & de quelques Melons.

JUILLET.

Frequents arofements : car enfin les grandes chaleurs, fans ce fecours, font tout périr ; mais en arofant fortement, on obtient des productions qui enchantent.

C'eft le tems de recüeillir toutes les graines, qui font en maturité.

On féme la Laituë Royale, pour en avoir à la fin de l'Autonne.

Quelques Ciboules, & de la Poirée pour l'Autonne.

Des Raves pour le commencement d'Août. Il faut les fémer en lieu humide, & bien frais; ou les puiffamment arofer.

On replante les Choux blonds pour la fin l'Autonne, & pour le commencement de l'Hiver.

On féme encore des Haricots pour l'Autonne; des Pois, afin d'en avoir en verd durant tout l'Eté; des Chicorées, pour en avoir en Autonne, & en Hiver; des Pois quarrés, qui en donneront au mois d'Octobre.

Récolte.

Poix, Fèves, Haricots, Choux pommés, Melons, Concombres, Salades de toute efpèce; & tout cela avec abondance. On a auffi des Chicorées blanches; & on ne manque pas de Raves.

AOUST.

Grands Arofements.

On replante des Fraifiers en place, après les avoir enlevés en motte.

On receüille les graines de Laitües , de Raves , de Cerfeüil , de Porreau , de Ciboules, d'Oignons, d'Echalottes , de Rocamboles.

On féme des Raves en pleine terre , pour l'Autonne.

On commence à fémer les Epinars pour Septembre ; des Mâches , pour les Salades d'Hiver ; & des Laitües à coquille ; afin d'en avoir de pommées à la fin de l'Autonne , & durant l'Hiver.

On féme quelques Oignons , pour en avoir au mois de Juillet l'année fuivante. Des Mâches pour le Carême, de l'Ofeille , du Cerfeüil , des Ciboules.

On replante les Choux d'Hiver , les Chicorées , des Laitües Royales , des Perpignanes , qui font d'un grand ufage pour l'Autonne , & pour l'Hiver.

On lie la Chicorée , afin qu'elle blanchiffe.

On couvre de terreau les Ofeilles , afin qu'elles fe fortifient. Il faut auparavant les avoir coupées à la fuperficie de la terre.

On coupe les vieux montans des Artichaux.

On tire de la terre les Oignons, l'Ail, les Echalottes

On coupe les feüilles des Béteraves , des Carotes , Panais , pour en faire groffir les racines.

On recüeille les Pois, qu'on a laissé sécher.

On plante les Choux blancs d'Hiver. On en séme pour être replantés au mois de Février suivant.

Récolte.

On a pour lors toutes les verdures des mois précedents; beaucoup de Racines, Oignon, Ail, Echalotte.

Abondance de Melons, & de Concombres.

Les Citroüilles d'Août.

Choux pommés, Chicorées blanches, Raves.

Septembre.

Si le Jardinier est diligent, il n'y a pas un endroit du Jardin, dont la terre ne soit chargée de Plantes Potagéres, soit semées, soit replantées.

On replante des Chicorées, & des Choux d'Hiver, de vieille Oseille.

On séme les Epinars pour le Carême.

On lie avec de la paille neuve, quelques Cardons d'Espagne, & quelques piés d'Artichaux, afin d'en avoir de blanchis à la fin du mois.

On lie pareillement le Céleri, & les

Choux-fleurs, si la pomme commence
à paraître.

On séme des Mâches, & des Répon-
ces pour le Carême ; & des Epinars,
afin d'en avoir après Pâques.

On replante de la Chicorée, & des
Laituës à pommes, pour le Carême.

• On couvre de terreau les Oseilles coupées.

On fait des couches de Champignons.

Récolte.

On receüille à présent beaucoup de
Chicorées, des Choux pommés.

Quelques Choux - fleurs ; quelques
Cardons d'Espagne ; quelques Cardes
d'Artichaux ; quelques piés de Céleri ;
encore quelques Melons ; beaucoup de
Citroüilles, & d'Artichaux.

OCTOBRE.

C'est presque encore les mêmes ouvrages, que le mois précedent.

On séme des Epinars, pour les Ro-
gations, & du Cerfeüille pour la derniere fois de l'année. On coupe le vieux,
afin qu'il fasse des jets nouveaux.

On défait les couches, & l'on en
transporte le terreau sur les planches, où

l'on veut femer des graines.

On plante les jeunes Fraifiers en bordure ou en planche.

On fait des bordures de Bouis.

On plante beaucoup de Laituës d'Hiver, & fagement fur des vieilles couches, où l'on peut réchaufer ; ou du moins le long de quelque muraille à un bon abri.

On donne un labour aux terres fortes, afin de faire périr les méchantes herbes: & fur tout pour donner aux Jardins un air de propreté dans cette faifon, qui eft deftinée aux innocents plaifirs de la Campagne ; où chacun va joüir tranquillement du doux repos, que les afaires ne permettent pas de trouver dans la Ville.

Récolte.

Les Jardins ofrent de tous côtés une délicieufe abondance. Chicorée, Céleri, Cardons, Cardes d'Artichaux, Cardes de Poirées, Champignons, Concombres ; & peut-être même encore quelques Melons, fi les prémieres gelées n'en ont pas fait dégât.

Epinars, Poistardifs, Racines, Ail, Oignon, Echalotte, Ofeille, Poirée, Cerfeüil, Perfil, Ciboule. C'eft le tems, où la Nature étale fes libéralités avec profufion.   NOVEMB.

NOVEMBRE.

C'eſt maintenant à un Jardinier laborieux à faire renaître le Printems par
le moyen des couches, & des cloches.
C'eſt-là le grand Art en matiere de Végétation dans ce tems-ci : c'eſt par là
qu'on brave l'Hiver, & qu'on force la
Nature à ne pas demeurer oiſive.

On ſemera donc ſur couche les petites Salades, comme Laituës à couper,
Creſſon, &c.

On plante des Laituës ſous cloches,
ou ſous chaſſis, afin de les faire pommer.

On replante auſſi ſous cloche des
piés de Baume, d'Eſtragon, de Méliſſe.

On plante de la Chicorée ſauvage,
du Perſil de Macédoine : mais ſur tout
couche & cloche.

On coupe les montans des Aſperges, parce que la graine en eſt à preſent
mûre.

On lie les Chicorées, ſi elles ſont aſſez fortes.

On réchaufe les Aſperges, l'Oſeille,
la Chicorée ſauvage, le Perſil de Macédoine. J'ai dit, ci-devant, que réchaufer une Plante, c'eſt lui ôter le

II. Partie.　　　　　　　　H

vieux fumier , & lui en donner de nouveau , qui eſt tout chaud.

On ſème des Raves , pour en avoir au
mois de Janvier : mais couche , & cloche.

On peut ſemer des Pois à quelque
bon abri , pour en avoir de bonne heure , mais il faut veiller à les défendre contre les inſultes de la gelée : ſans quoi ,
peine perduë.

La Serre devient à preſent d'un uſage
néceſſaire. C'eſt là qu'il faut tranſporter , avant la gelée , les Carotes , les Panais , les Bèteraves , les Cardons d'Eſpagne , les Choux-fleurs , le Céleri ; &
tout ce qu'on veut conſerver pour l'Hiver. On les plante fort près-à-près dans
la Serre.

Les labours d'Hiver ſe font indiſpen-
ſablement dans ce mois-ci.

Dans les terres ſèches , on butte un
peu les Artichaux.

Récolte.

On a encore préſentement Epinars ,
Chicorée , Céleri , Laituës , Salades ,
des Herbes potagères , des Racines , des
Citroüilles , toutes ſortes de Choux , &
quelques Artichaux.

DECEMBRE.

On féme encore des Pois, comme je l'ai dit dans le mois précédent. Mais on a tout à craindre pour eux, fi on ne fait pas les garder des rigueurs mortelles de la gelée.

On amasse des feüilles d'arbres. On les fait pourir ; & on en fait un fumier bien précieux, pour le Jardinage.

On porte les fumiers pouris, dans tous les endroits, que l'on veut fumer.

On fème des Laituës, fur couche, & fous cloche. Sans leur fecours, la terre ne peut rien produire à préfent dans notre climat. Mais avec couches, & cloches, on goûte les fruits des fécondes douceurs du Printems. Quand il fait un beau Soleil, on doit lever les cloches : Il ne faut pas manquer d'entretenir les couches par de bons réchaufements.

On peut en Décembre, faire plufieurs des travaux, qu'on fait ordinairement en Janvier. La diligence eft d'un grand mérite, autant en fait de Jardinage, qu'en toute autre chofe.

Récolte.

On peut déja avoir quelques afper-

ges, quand elles ont été bien réchaufées : pareillement de belle & bonne
Ofeille ; des Epinars , & des Choux
d'Hiver , tant les verts que les blonds ,
qui font les plus délicats.

Article III.

Secrets , qui concernent le Jardin Potager.

Je n'ignore pas , combien font fautives les chofes , qu'on débite dans le monde , fous le nom de *Secrets.* Franchement la bonne foi eft bien rare ; & la fupercherie eft toûjours d'un très-fréquent
ufage. Il ne faut pas s'en prendre à nôtre fiécle ; le vice eft de tous les tems.
Les hommes ont toûjours été faits, comme nous les voyons. Les uns ont toûjours trompé les autres. Il y a long-tems
que David s'eft récrié fur cette corruption fi générale : *Les enfans des hommes
ne font que menfonge : leurs balances font
fauffes ; & ils fe trompent les uns les autres
par de vaines promeffes.* Pf. 6 1. v. 9.
Afin de ne tromper perfonne dans les
Secrets , que je dois donner , j'ai tâché
de n'être pas moi-même trompé le premier. Et pour cet éfet j'ai eu foin de ne
métre ici , que ceux , que j'ai trouvés
dans de bons Auteurs , ou qui m'ont été

communiqués par des perfonnes de probité.

1. *Pour hâter la germination des Graines.*

Mêtez une Fève tremper durant huit
jours dans du marc, ou de l'huile d'O-
live, elle germera prefque fur le champ,
fi vous l'enfoncez dans la mie d'un pain
chaud.

Cela eft admirable, dit Cardan, mais
peu utile : *hæc mira , parum tamen utilia.*
Mais il ajoûte fort bien que ce petit ma-
nége, entre les mains des gens d'efprit,
peut conduire à quelque chofe de plus
important. *De Varietat. Lib. xiii. cap.*
66. Je ne puis m'empêcher de faire obferver, que Cardan renferme ce Secret
dans un Chapitre, qui porte pour titre :
les Délices. Il a bien raifon, s'il entend,
comme on n'en peut pas douter, *les dé-*
lices de l'Efprit. On eft en éfet charmé
de ces innocents artifices, que l'induftrie des hommes employe, pour découvrir tout ce qui peut aider la Nature.

2. *Pour faire pommer les Choux plus*
promptement.

Les Curieux, qui habitent le long
des rivages de la mer, lorfqu'ils tranf-

plantent les Choux, mètent de l'Algue, avec une pincée de Nitre sous la racine. Après cela on les voit végéter, & pommer avec beaucoup de diligence.

Le Chou, qui devint si prodigieusement gros, & l'admiration de tout le pays, fut trouvé avoir tout près de sa racine un vieux soulier, dont il avoit tiré tout l'embonpoint qu'on lui voyoit. La peau d'un animal est un ragoût pour une Plante ; & même tout ce qui vient des Animaux contribuë beaucoup à la Végétation.

Qui voudroit traiter de la même maniere des Laituës, & des Chicorées, & repandre un peu de Nitre, ou quelques cendres des Plantes brûlées proche leurs racines, on auroit des Laituës pommées d'une extraordinaire grosseur. Les Chicorées ne s'en accommoderoient pas moins bien. Elles n'en seroient même que plus agréables au goût.

3. Pour faire lever des Laituës en moins de deux heures.

On écrit d'Angleterre, dit M. Bayle, que M. Edmond Vvilde aiant prié à dîner quelques personnes, sema en leur presence, avant que de se mètre à table, de la graine de Laituë, dans une terre qu'il avoit préparée durant deux ans : & l'on trouva après le diner , qu'en moins de deux heures , la Laituë avoit pouffé d'environ la hauteur d'un pouce , en comptant la racine. Il eft prêt à parier dix contre un , que la chofe lui réuffira toûjours ainfi ; pourvû qu'on lui donne deux ans , pour préparer de nouvelle terre. Il ajoûte que cette expérience eft la clef de toute l'Agriculture. Il promet de la publier, dez qu'il aura fait une autre chofe encore plus confidérable , qu'il y veut joindre. *Bayle* , *République. des Lettres. Tom. I.* 1685. *Mars* , *pag.* 319.

Au fecret de M. Vvilde , que nous n'avons pas , j'en fubftitue un autre qui ne vaut pas moins. Je parle avec une confiance entiere , quand j'ai pour garant feu M. Gui de la Broffe , oncle maternel de l'illuftre M. Fagon , Médecin du Roy. Ce fecret eft tiré du Livre que M. de la Broffe a compofé *de la Nature, & Vertu des Plantes.* Il les avoit toute fa vie étudiées avec une ardeur inconcevable. Jamais perfonne n'a eu tant à cœur de perfectionner la Botanique , & de montrer qu'un Médecin , qui ne connaît pas les Plantes , eft très-indigne d'en porter le nom. Auffi eft - ce à fon zéle infatigable , que l'on doit l'établiffe-

H iiij

ment du Jardin Royal des Plantes, que
M. Fagon a mis en l'état où M. de la
Broffe fe propofoit de le mètre, s'il eût
vécu affez pour cela. Voici comme ce
favant homme a procedé pour faire lever la Laituë, & avoir de la Salade en
deux heures.

J'ai, dit-il, pris de la cendre de mouffe, & du fumier bien terreauté, que
j'ai arofés de jus de fumier par plufieurs
fois, & autant de fois deféché au Soleil, tant que cette compofition foit de-
venuë une terre graffe, & bien meuble
. . . . . . fi c'eft en Hiver, vous métrez
vôtre terre dans une grande terrine; vous
la remuerez, & la travaillerez, l'arofant
peu - à - peu avec jus de fumier, jufqu'à
ce qu'elle foit humectée, comme eft
une terre que l'on veut femer. Vous la
métrez fur un réchaux, pour lui donner une chaleur égale à celle du mois de
Juillet. Quand elle fera ainfi échaufée,
femez - y vos graines de Pourpier, ou
de Laituë, après les avoir un peu humectées avec jus de fumier bien pouri,
durant vingt - quatre heures. A mefure
que vous verrez votre terre fe fécher,
vous l'aroferez avec de l'eau de pluie, &
qui ne foit pas froide. En moins de deux
heures, ces femences auront produit,
chacun felon fon efpece, de quoi faire

une très-bonne Salade. *Gui de la Broſſe,
Médecin du Roy: De la Nature, & Vertu
des Plantes, Livre I. Chap. xvii. pag.*
128. 129. & 130.

Je ne dois pas oublier ici, que je ſuis
redevable du bel Exemplaire, que j'ai
de ce Livre, à l'amitié de Monſieur
Vaillant, autant connu par ſon extrème
politeſſe, que par la vaſte connaiſſance
qu'il a des Plantes ; ſur quoi il pouroit
le diſputer avec les plus renommés Bo-
taniſtes. Auſſi dans le moment que j'é-
cris ceci, viens-je d'aprendre, avec une
joie toute ſinguliere, que M. Fagon,
qui eſt un grand connaiſſeur en fait de
mérite, a fait nommer par le Roy, M.
Vaillant, pour remplir la place de Pro-
feſſeur Royal en Botanique, qu'occu-
poit ci-devant le frere de feu M. Da-
quin. Ce choix, où la ſeule conſidéra-
tion de la capacité a eu part, ſoûtien-
dra aſſurément la réputation, que M. le
Prémier Médecin s'eſt faite dans le
monde, de ne mettre en place que de
bons ſujets, & de ne cométre, pour la
démonſtration des Plantes, que des perſonnes capables d'un emploi ſi important au bien public.

J'ajoûte à cet article des Laituës, une
pratique de M. Laurent, Notaire de
Laon, par laquelle on peut avoir, en

H v

deux fois vingt-quatre heures , une fort
bonne Salade.

Faites , dit-il , tremper votre graine
dans de l'eau de vie ; & mêlez dans votre terreau un peu de fumier de pigeons
avec un peu de chaux , bien éteinte, &
réduite en poussiere. Vous aurez des
Laituës en deux fois vingt-quatre heures : Et ces Laituës seront grandes , &
propres à manger. Il y a un inconvenient : c'est qu'elles ne durent que huit
jours sur votre couche. C'est pourquoi
il les faut manger dans ce tems-là. Cet
avis , qu'il donne, a cela de commode,
que ces Laituës se sement sur la même
couche, où l'on éleve des Melons. C'est
mètre tout à profit.

Au reste M. de la Quintinie ne con-
danne pas le bain, que nous recomman-
dons de donner à la graine de Laituë ,
avant que de la semer. Voici comme il le
pratiquoit , & comme il s'en est expliqué lui-même. On fait tremper, dit-il,
dans l'eau , un sachet de graines de Laituës , environ vingt-quatre heures, après
quoi on la sort , & on la pend au coin
d'une cheminée ; ou au moins de quelque endroit , où la gelée ne puisse pas
pénétrer. Cette graine ainsi moüillée s'é-
goute, & s'échaufe de maniere , qu'elle
vient à germer : Et pour lors, après a-

voir fait fur la couche des rayons enfon-
cés d'environ deux pouces, & larges
d'autant, par le moyen d'un gros bâton,
qu'on apuye ferme fur le terreau, on féme cette graine germée fur ces rayons,
& l'on l'y féme fi épaiffe, qu'elle couvre tout le fond du rayon . . . . . . Enfin
on la couvre d'un peu de terreau, qu'on
jette à la main fort legerement . . . . . .
Par deffus cela on met des cloches, pour
empécher que la chaleur de la couche ne
s'évapore. Cette petite Laituë au bout
de quinze jours, eft affez grande pour
être coupée au couteau, & mangée en
Salade. *Inftruct. pour les Jard. VI. Part.
Chap. 3. pag. 297. Tom. II.* Voilà, ce
me femble, tout ce qu'on peut fouhai-
ter de plus agréable, de plus utile, &
de plus certifié, fur cette matiere, qui
n'eft pas affeurement indifférente.

4. *Pour avoir des Fraifes plûtôt que de coûtume.*

Il faut arofer les Fraifiers durant l'Hiver, prefque tous les trois jours, avec
de l'eau, où l'on ait mis macérer du fumier nouveau de Cheval. On amande
la terre, dit Bacon, avec du fumier :
tout le monde fait cela ; mais il feroit
bon qu'on n'ignorât pas combien l'eau

H vj

échaufée, & engraiffée par de bon fumier, a d'éficacité, pour avancer la Végétation des Plantes, & la maturité des
fruits. *Bacon, Sylva Sylvar. Cent. V. n.*
403.

On fupofe ici que les Fraifiers font
fous des cloches, ou plûtôt fous des
chaffis de verre.

5. *Pour avoir des Concombres de bonne heure.*

L'expérience a fait connaître, que fi
on coupe proche de terre, la tige des
Concombres, quelques jours après la
germination de la graine, en jetant deffus un peu de bon terreau, la Plante
demeure concentrée, & fans paraître
jufqu'au Printems ; & alors elle donnera, l'an fuivant, des fleurs, & des fruits
plûtôt qu'à l'ordinaire. M. Bacon eftime que les Plantes qui ne paffent point
l'Hyver, ne meurent à la fin de l'Autonne, que parce qu'elles fe font épui-
fées dans la production des feüilles, des
fleurs & des fruits. Empêchez cet épui-
fement, en coupant leur tige, elles fe
conferveront pour l'année fuivante ; bien
entendu, qu'on les défendra contre la
gélée.

Ce que j'ai dit fur quelques Plantes

légumineufes, fe peut apliquer prefque
à toutes les autres. C'eft le même mécanifme, qui les rend plus hâtives &
mieux nouries. Et fi l'on pratiquoit, a-
vec un peu d'intelligence, les fecrets que
j'ai donnés pour faciliter la végétation
des Plantes, je ne doute point qu'on ne
fit naître des prodiges dans les Jardins.
On verroit dans nos terres, à peu près,
les merveilles, que Garcilaffo de la Véga raconte des terres du Pérou. Il affûre qu'il n'eft pas rare d'y voir un grain
de Blé en rendre cinq cens; des Mélons
qui pefent cent trois livres ; des Laitues
de fept livres & demie, & des Raves
de plus de deux aûnes de longueur, &
qu'à peine un homme peut embraffer.
Hift. des Incas. Liv. IX. c. 29. On m'ob-
jectera que notre terre n'a pas la fertilité
de la terre du Perou. Soit : mais j'ajoûte
que le travail vient à bout des chofes les
plus dificiles, & qu'on n'auroit pas ofé
efpérer. Polybe dit que fous Maffiniffa,
la Numidie devint abondante en toutes
fortes de fruits : quoiqu'on la crût auparavant abfolument infertile.

CHAPITRE VII.

Le Jardin Fruitier.

RIen n'eſt plus agréable, que de ſe promener de Jardin en Jardin, ſur tout quand l'aſpect en eſt beau & intéreſſant. Ce ſont de nouveaux ſpectacles qui ſe préſentent. Car enfin il ne faut pas s'imaginer que les Jardins ne ſoient faits que pour en tirer des choſes alimentaires. Les plaiſirs de la vûë, les délices de l'eſprit & les doux amuſemens de la vie entrent ſans doute pour quelque choſe dans le projet que les honnêtes gens ſe forment de ſe faire des Jardins. C'eſt cette même raiſon qui a fait que l'on ne s'eſt pas contenté d'en avoir aux Maiſons de campagne; ceux qui habitent dans les Villes, afin de partager en cela la félicité des gens de Campagne, ont voulu avoir des Jardins qui fuſſent dans leur voiſinage. C'eſt ainſi que Céſar & Antoine eurent des Jardins proche du Tjbre, comme Dion le raporte. *Lib.* 47. *in rebus Octaviani.*

On n'en eſt pas demeuré-là; bien-tôt après on fit des Jardins dans les Fauxbourgs ; & infenfiblement on en eut dans les Villes mêmes. Pline dit qu'Epicure fût le premier qui s'émancipa à faire un Jardin dans Athène , & qu'avant lui perfonne n'avoit fongé à tranfferer les Champs dans la Ville. *Jam quidem hortorum nomine in ipfa Urbe delicias , agros villafque poffident. Primus hoc inftituit Athenis Epicurus otii magifter , ufque ad eum , moris non fuerat , in oppidis habitari rura. Hiftor. Nat. Lib. XIX. cap.* 4. Platon enfeignoit dans l'Academie , Ariftote philofophoit dans le Lycée , Zénon difputoit dans le Portique : mais Epicure , ce Philofophe douillet , qui n'étoit touché que des feuls plaifirs aifés & tranquilles , faifoit les leçons de fa Philofophie commode & familiere , dans ce Jardin , qu'il laiffa par fon Teftament , pour être l'Ecole publique , où fes fucceffeurs profefferoient fa Philofophie.

C'eft dans ce fameux Jardin qu'Epicure affembloit fes Difciples , & qu'il leur enfeignoit que le fouverain bonheur de l'homme confifte dans la volupté. Ce Philofophe ne pouvoit pas choifir une fcéne plus convenable à fa voluptueufe doctrine.

C'eft fans doute de cette Philofophie commode & oifive, qu'on nomme *Phi-*

losophe, un homme qui vivant uniquement pour lui, ne prend aucun emploi, & dédaigne de se mêler des affaires publiques. Quoique par ce nom de *Philosophe*, on veüille répandre sur un homme un air de ridiculité ; cependant faut-il reconnaître avec Cicéron, que ces personnages oisifs sont pour l'ordinaire de bonnes gens, des hommes faciles, commodes, & dont il y a peu de chose à craindre : *Ces fainéants, dit-il, qui aiment la vie tranquile & désocupée, ce sont de tous les hommes, ceux qui sont les moins incommodes, le moins à charge, & dont on est le moins en danger de soufrir : Sed, & facilior, & tutior, & minus aliis gravis, aut molesta vita est Otiosorum. Lib. I. Offic. cap. 21.* Quoiqu'il en soit,

Revenons à Pline, qui observe que l'amour qu'on a pour les Jardins, a porté les hommes à ne rien négliger, afin de les avoir le plus à portée qu'il est possible. *Les Jardins, dit-il, sont montés jusqu'aux fenêtres de nos Bourgeois de Rome. Rien n'est plus ordinaire que de voir aux fenêtres de leurs maisons de petits Jardins, qui sont comme de légeres images, où ils veulent envisager tous les jours les charmes de la Campagne. Jam in fenestris suis plebs urbana in imagine hortorum quotidianâ oculis rura praebebant. ibid.*

Casaubon porte encore plus loin cette prédilection que l'on a naturellement pour les Jardins. *Ce qu'il y a, dit-il, de gens plus polis dans le monde, sont tellement épris des charmes que les Jardins & les Forêts offrent à nos yeux, qu'on fait tout ce qu'on peut pour avoir des Jardins aux Maisons de la Ville; & quand il n'y a pas moyen de s'en faire de plein-pié, on s'en fait sur les toits, plûtôt que de s'en passer entierement : Adeo enim hortis, nemoribusque capiebantur elegantiores., ut etiam in urbanis ædibus, si alio loco nequirent, in tectis in saltem haberent. Casaub. ad Sueton. August. cap. 72.*

Puisque nous sommes sortis du Jardin *Potager*, entrons maintenant dans le Jardin *Fruitier*, & voyons tout ce que l'on y doit faire ; & de tous côtés & dans chaque mois de l'année, afin de le rendre agréable & utile.

ARTICLE I.

La maniere de planter les Arbres Fruitiers.

Les Arbres fruitiers ne demandent pas moins de travail & de soins, que les Plantes Potagéres. Virgile dans son second livre des Géorgiques, où il se propose de donner des préceptes pour éle-

ver les Arbres qui portent des fruits ;
n'héfite point à dire , qu'il faut une application & des travaux extrêmes , pour
les déterminer à nous fournir ce que
nous en attendons. Il faut , dit-il , travailler foigneufement à chaque arbre ,
les aranger tous dans un exact alligne-
ment , & n'épargner rien pour les forcer à nous produire de bons fruits ; il
faut beaucoup d'art , pour en obtenir
quelque chofe d'excellent.

Scilicet omnibus eft labor impendendus , &
  omnes ,
Cogendæ in fulcum ac multâ mercede do-
  mandæ.

C'eft de cet art fur lequel tant d'ex-
cellents hommes ont écrit , dont nous
allons ici donner les régles qu'une longue étude a fait découvrir ; & aufquel-
les tant de conftantes expériences ont
acquis une certitude qui eft au-deffus de
toute conteftation.

I. Le Jardin Fruitier peut fort bien
être dans l'enceinte du Jardin Potager ,
quand on a affez d'étenduë , pour les
mêler & les confondre l'un avec l'autre.
C'eft ainfi que le *Potager* du Roy à Ver-
failles , eft à la fois un Jardin *Fruitier.*
Sans cela les murailles du Jardin Pota-

ger resteroient nuës & inutiles, ce qui ne feroit pas un bel effet à la vûë. Outre cela, il est important de profiter des murailles, afin d'y faire des Espaliers, qui sont d'un grand ornement & d'une utilité merveilleuse dans un Potager.

II. Si on distingue les Arbres par leurs fruits, il n'y en a que de deux fortes.

1. Les uns sont les *Fruits à noyau*, comme sont les Cerises, les Prunes, les Pêches, les Abricots.

2. Les autres sont les *Fruits à pepin*, tels que sont les Pommes & les Poires.

III. On donne à ces deux fortes d'Arbres des figures differentes lorsqu'on les plante. Ces figures se réduisent à quatre.

1. On plante ces Arbres *à haute tige*, & en plein vent, & alors il faut les choisir bien droits & de la grosseur de sept à huit pouces, afin d'avoir la satisfaction de leur voir porter des fruits plûtôt.

2. On plante ces Arbres *en Espaliers*, contre des murailles, où l'on les étend à la maniere d'un éventail.

Si on a fait la dépense d'avoir des treillages, on y attache les branches; & c'est ce qu'on nomme, *Palisser les Arbres*.

3. On plante les Arbres *en haye d'a-puy*, c'eſt ce qu'on appelle planter *en contre-Eſpalier*. Alors ce plant ſe fait ſur le bord du quarré qui eſt le long de l'allée voiſine d'un Eſpalier. On paliſſe ces Arbres, & on les attache à un treillage fait exprès avec des échalas.

M. de la Quintinie dit que l'uſage des Contre-Eſpaliers eſt aujourd'hui extrêmement aboli, & qu'on trouve mieux ſon compte à mettre les Arbres en buiſſon. En effet, on ne voit plus de Contre-Eſpaliers dans les Jardins bien ordonnés.

4. On plante les Arbres en buiſſon : ce ſont des Arbres qu'on tient bas, & qui ſont pour cela nommés *Arbres nains.*

On en ouvre les branches, & on les étend ſur les cotés, en ſorte que la tête de l'arbre faſſe la figure d'une coupe.

IV. Je ſupoſe que les Arbres dont on veut former ſon Jardin fruitier, ſont bien conditionnés ; c'eſt-à-dire, qu'ils ſont déja forts, afin de joüir plûtôt du fruit de ſon travail, de ſon application, & de la dépenſe qu'il convient de faire en pareille occaſion. On les choiſira bien vigoureux ; ce qui ſe connaît aiſé-ment, en obſervant, 1. l'écorce qui doit être vive & néte ; & 2. les racines, qui doivent être bonnes & bien placées, comme font celles qui ne font pas trop haut, & qui femblent propres à fe glifler entre deux terres. Car enfin celles qui font trop haut, & au collet de l'Arbre, font inutiles, & s'altérent facilement dans les grandes chaleurs de l'Eté.

Je fupofe encore que ces Arbres font de bonnes efpèces, & qu'on les a achetés chez des perfonnes de bonne foi, qui ont donné les fortes de fruits, qu'on leur a demandées. Car s'il falloit commencer une Pépiniere faite exprès, afin de n'être point trompé dans les efpèces, ce feroit prendre un long circuit : il vaut mieux fe jetter tout d'un coup dans une dépenfe un peu forte, que d'attendre l'âge que doivent avoir les Arbres, pour être replantés dans un Jardin fruitier. Le nombre de nos années n'eft pas affez grand pour en confumer une partie dans une ennuyeufe attente.

V. Quand la terre eft préparée par les labours, ont plante les Arbres ; ce qui fe fait d'ordinaire dans l'Autonne, lorfque les feüilles font tombées, & au commencement du mois de Mars.

1. On ne plante en Autonne que dans les terres fèches & legeres ; au contraire dans les terres graffes, humides, froides & pefantes, on ne doit jamais

planter qu'au mois de Mars, parce que
les racines durant tout l'Hiver péri-
roient par la longue fraîcheur & humidité du terroir.

2. Si ce font des Arbres en buiſſon,
on en coupe la tige environ à huit pouces au deſſus de la grèſe. On coupe auſſi
les Arbres en Eſpalier, & les Arbres de
haute tige en plein vent. On laiſſe à
leur tête trois ou quatre branches, qu'on
coupe environ à la hauteur d'un pié.

Quand aux racines en plein vent, on
en rafraîchit un peu les bouts, & on en
coupe la chevelure. A l'égard des Arbres
en buiſſon & des Arbres en Eſpalier,
on coupe les racines à la moitié de leur
longueur.

VI. Pour ce qui eſt de l'arangement,
Virgile veut, & après lui tous nos habiles Jardiniers recommandent qu'on plante les Arbres *dans un parfait alignement*,
& pour cela on ſe ſert d'un cordeau. *Et
omnes cogendæ in fulcum.* Il n'y a point
d'alignement à obſerver pour les Eſpaliers; la muraille doit tenir lieu de cordeau.

Ce n'eſt pas aſſez de mètre les Arbres en ligne droite, il faut encore les
placer dans une diſtance égale.

Les Arbres en plein vent doivent
être mis à deux toiſes & demie de diſ-

tance l'un de l'autre. Si l'on plante un buisson entre deux, la distance doit être de trois toises.

Les Arbres en buisson doivent être plantés à deux toises l'un de l'autre, & on met entre deux un Pommier grèfé sur paradis. Comme il faut labourer dessous les Arbres en buisson, on doit faire en sorte que leur tige ait sept ou huit pouces depuis la grèfe, afin d'avoir de l'espace, pour travailler à ce labour.

Les Arbres en Espalier se plantent ordinairement à deux toises de distance l'un de l'autre ; & on met entre deux des Arbres à demi tige. Il y a des gens qui prétendent que les Arbres qui portent des fruits à noyau, doivent être un peu plus espacés que les Arbres qui produisent des fruits à pepin.

VII. Dans l'endroit où l'on veut planter un Arbre, il y faut faire un trou de trois piés en quarré, & de trois piés de profondeur.

Quand on y a mis l'Arbre, on en doit étendre les racines, & les couvrir de terre très exactement. Il ne faut pas même dédaigner d'y mètre la main, afin qu'il ne reste aucun vuide entre les racines & la terre ; ce qui feroit un grand préjudice à l'Arbre.

Si c'est un Espalier, il faut coucher

l'Arbre du côté de la muraille, & tourner les plus longues, & meilleures racines du côté de l'allée, pour qu'elles trouvent plus de nouriture.

On doit aussi faire en sorte que la coupe de l'Arbre, qui doit toûjours être en pié de Biche, regarde exactement le mur.

L'Arbre ne doit pas être mis bien avant en terre ; & il suffit qu'il y soit de la profondeur d'un pié, afin de mieux profiter de la rosée, de la pluie & des arosements.

Il est important que la grèfe soit toûjours au-deſſus de la terre d'environ trois pouces.

VIII. Après cela on répand du fumier sur toute la surface du trou, de la hauteur d'environ quatre pouces. Ce fumier empêche que le suc nouricier de la terre ne soit dévoré par l'extrème chaleur de l'Eté ; outre que les sels de ce fumier venant à se diſſoudre, quand les pluies surviennent, forment une humeur excélente, qui est très-propre à avancer merveilleusement la végétation de ces Arbres nouvellement plantés. Si l'on n'avoit pas de fumier suffiſamment, il faudroit à son défaut mètre de la fougere au pié des Arbres.

On ne laboure point les Arbres la
première

premiere année qu'ils ont été plantés.

S'il arrive que le Printems foit extrémement fec, il eft néceffaire d'arofer
de tems à autre ces nouveaux plants par
deffus le fumier.

ARTICLE II.

Comment on tranfplante un Arbre.

Quand on a un bon Arbre, que l'on
voudroit ôter du lieu où il eft, afin de le
mètre ailleurs, on y réüffit certainement,
en pratiquant la méthode fuivante,
dont le public eft redevable au Religieux des RR. PP. Chartreux de Paris, fi célèbre par fa longue expérience
en fait de Jardinage, auffi-bien que par
fon Livre intitulé : *Le Jardinier folitaire.*

Voici comment il s'y prend.

1. Il a foin de préparer le trou, où il
veut tranfplanter fon Arbre. Ce trou eft
de fix piés en quarré, & de trois piés
de profondeur. Si à la place du trou, il
y avoit auparavant un Poirier, & que
l'Arbre, qu'il eft queftion de tranfplanter, foit auffi un Poirier, il en change la
terre ; & il y en fait aporter de neuve.
Ce qu'il ne fait pas, lorfque l'Arbre eft
d'une efpèce diférente ; parce qu'il fa-

II. Partie.   I

poſe que la terre eſt neuve à l'égard du nouvel Arbre qu'il a deſſein d'y mètre.

2. Il aporte un tel ſoin pour aracher l'Arbre, qu'il fait en ſorte que les racines n'en ſoient endommagées en aucune façon.

3. Il le tranſporte dans le trou, rempli à moitié de terre convenable. Il le place de maniere que la grèſe ſoit de trois pouces au-deſſus de la ſuperficie de la terre. Après quoi, il étend toutes les racines dans la circonférence du trou, en ſorte que l'Arbre ſe retrouve placé tout comme il étoit auparavant. Enſuite il met avec la main deſſous, & deſſus chaque racine de la terre, en la preſſant doucement. Enfin il ſe ſert de la Bêche, pour achever de remplir le trou.

Cela fait, il faut mètre du fumier deſſus la terre de la largeur du quarré, environ un demi pié d'épais; & finit cette tranſplantation, en jettant trois ou quatre ſeaux d'eau deſſus le fumier; ſupoſé que le tems ne ſoit pas diſpoſé à la gelée; auquel cas il faut bien ſe garder d'aroſer, mais il faut diférer l'aroſement juſqu'à ce que le tems ſoit favorable. Il réitere cet aroſement au Printems, afin d'exciter la ſéve à mônter, & à vivifier l'Arbre tranſplanté.

Si la terre du trou eſt légere, il y mêle un peu de fumier.

4. Il fait cette tranfplantation pendant les mois de Novembre, Décembre, Janvier & Février; & prend pour cela une belle journée; car enfin la pluie feroit qu'on ne pouroit pas fi bien manier la terre.

5. Il taille cet Arbre tout comme s'il n'avoit pas été tranfplanté, & de la même maniere qu'il l'auroit taillé, s'il n'avoit pas changé de place. Obfervant pourtant de le tailler un peu court, parce qu'étant nouvellement tranfplanté, il a peu de féve la premiere année. C'eft ce qui oblige de ménager les forces de cet Arbre, & de ne lui pas laiffer beaucoup de fruits, jufqu'à la feconde année, qu'il l'abandonne à fon naturel. Sans cette précaution, il pouroit ariver que l'Arbre périroit.

6. Tout cela fe pratique également pour les Arbres à haute tige, pour les Arbres en buiffon, & pour ceux qui font en Efpalier. L'avantage de cette nouvelle méthode, eft qu'on n'eft point obligé de lever les Arbres en motte; ce qui eft un véritable embaras.

6. L'Arbre fleurit, & fructifie dès la premiere année; mais, comme j'ai déja dit, il lui faut laiffer peu de fruits: & le fuccès en eft tel, que ce bon Religieux m'a témoigné, que de cent Ar-

I ij

bres, il en garentiroit quatre-vingt dix-neuf. J'ajoûterai ici, à ce qu'il m'a fait l'honneur de me dire, mon propre témoignage.

Je me trouvai au mois de Février 1707. aux Chartreux, dans le tems que ce vénérable Frere tranfplantoit, felon la nouvelle méthode, un Poirier fort gros & affez vieux.

Il fuivit de point en point tout ce que je viens de dire. J'avois peine à craire qu'un Arbre fi fort, & tranfplanté fans motte, pût bien reprendre. Cela me donna la curiofité de m'informer de ce qu'il en arriveroit. Je fus fort furpris de voir au mois d'Avril ce Poirier fleuri & faire fon devoir, auffi-bien qu'aucun autre Arbre du Jardin. Les fleurs fe changérent enfuite en fruits; mais fon fage Gouverneur lui en ôta la plus grande partie, & les Poires qu'il y laiffa vinrent parfaitement bien à maturité. Je puis atefter que je viens de faire, le 15 d'Avril 1708, une nouvelle vifite à ce Poirier tranfplanté; j'ai trouvé qu'il fe porte à merveilles; & qu'il eft orné d'une prodigieufe quantité de fleurs, qui promètent une hûreufe & abondante récolte.

Je finis cet article, en difant d'après fon Livre du *Jardinier folitaire*, qu'on

tranſplante ainſi avec le même ſuccés,
les Ormes, & mêmes les Ceps de Raiſin, de Verjus de dix ou douze ans; &
que toute la diférence qu'il y a remar-
quée, c'eſt que ces Ceps ne donnent
point de fruits la premiere année.

J'avouë que je ſuis enchanté de cette
nouvelle méthode, par le moyen de laquelle on peut faire en une année un
Jardin auſſi avancé & auſſi parfait, que
s'il étoit planté depuis douze ans.

L'Auteur de cette hûreuſe découverte mérite d'être célébré par de vifs élo-
ges; mais ce pieux Solitaire, en me per-
métant de publier, pour l'avantage du public, ſa méthode de tranſplanter les
Arbres, m'a ſevérement défendu de
rien dire de lui. J'honore trop ſingulie-
rement ſa vertu, & nommément ſa délicate modeſtie, pour me haſarder à la
bleſſer en quoi que ce ſoit.

ARTICLE III.

De la taille des Arbres fruitiers.

Nous voici à ce qu'il y a de plus important, & tout à la fois de plus emba-
raſſant dans la culture des Arbres fruitiers. C'eſt de la taille de ces Arbres, que
dépend l'ornement & l'utilité du Jardin.

Le Curé d'Hénonville, dans fon favant traité *de la maniere de cultiver les Arbres fruitiers*, dit, *qu'il n'y a prefque point de préceptes à donner fur cette matiere, & que pour bien pratiquer la taille des Arbres, il faut agir plus de l'efprit que de la main. Elle eft*, ajoûte-t-il, *très-difficile à expliquer, parce qu'elle ne confifte point en maximes certaines & générales, mais elle change, felon les circonftances particulieres de chaque Arbre. Ainfi elle dépend abfolument de la prudence du Jardinier qui doit juger lui-même quelles branches il faut laiffer, qui font celles qu'il convient de couper; c'eft pourquoi il eft plus aifé de l'aprendre par l'expérience, que par le difcours.*

Cela paraît bien dans le Livre de M. de la Quintinie, qui employe près de deux cent pages *in-quarto*, de petit caractére, pour expliquer feulement la taille des arbres : & quelque éfort qu'il ait fait, pour rendre ce point bien intelligible, on fe trouve encore, après une fi longue lecture, la tête remplie d'idées affez confufes. C'eft pourtant fur ce vafte Océan qu'il s'agit maintenant de s'embarquer.

On taille les Arbres pour deux principales raifons.

La premiere, afin qu'ils fructifient mieux.

La feconde, pour leur donner une belle figure, & qui faffe plaifir aux yeux. Pour réüffir heureufement dans cette opération, il faut obferver 1. le tems, & 2. la maniere de faire cette taille.

I. Le tems de tailler les Arbres fruitiers.

Tous les Jardiniers conviennent que le véritable tems de la taille, eft dans la fin de Février, & au commencement de Mars, fans craindre que la gelée, qui furvient ordinairement dans ce tems-là, puiffe nuire à l'Arbre nouvellement taillé.

M. de la Quintinie, qui fe récrie fort contre ceux, qui ont égard à la difpofition de la Lune, dit qu'on peut commencer à tailler, d'abord que les feüilles des Arbres font tombées ; c'eft-à-dire, vers la S. Martin ; & qu'on peut enfuite continuer tout l'Hiver. Cependant il aporte après cela quelque diftinction, qu'il ne faut pas méprifer. Il dit qu'il y a de trois fortes d'Arbres avec lefquels il faut fe comporter différemment.

1. Les uns font trop foibles, & dans cet état de langueur, on ne peut ôter de trop bonne heure les branches nuifi-

bles ou inutiles. A ces arbres convient fort bien la taille de Novembre, Décembre & Janvier ; & elle eſt même meilleure, que celle de Février & de Mars. On les doit tailler fort court.

2. Les Arbres trop forts, trop robuſtes, trop vigoureux, ſe taillent plus tard ; & l'on en peut ſans péril, & même fort utilement remètre la taille juſqu'au mois d'Avril.

Pour arêter cette vigueur exceſſive, il faut y remédier, en recourant à la cauſe, c'eſt - à - dire, en leur retranchant quelques unes de leurs bonnes racines. Par cette circonciſion on diminuë l'abondance immoderée de la ſéve.

3. Les Arbres d'une loüable conſtitution doivent être taillés dans le tems ordinaire, qui eſt depuis la fin de Février juſqu'à Mars.

II. La maniere de tailler les Arbres fruitiers.

Tout l'art de la taille des Arbres, roule ſur la connaiſſance qu'un Jardinier doit avoir des bonnes & des mauvaiſes branches.

Il faut conſerver les premieres, que l'on ſe contente de racourcir ; & abſolument retrancher les autres ; à moins

qu'elles ne foient néceffaires, pour remplir quelque vuide, qui défigureroit la
tête de l'Arbre.

POMMIERS ET POIRIERS.

1. Toute branche qui fort du tronc
ou de quelque branche, & qui n'avoit
point été taillée l'année précedente,
doit être réprouvée. C'eft ce que l'on
nomme *de faux bois*.

2. Toute branche nouvelle, qui devient plus groffe ou plus longue que celle qui eft immédiatement au-deffus,
eft encore de faux bois, auquel il ne
faut faire aucune grace.

3. Toute branche où les yeux font
plats, mal nouris, à peine formés, &
fort éloignés les uns des autres, eft une
mauvaife branche, fur quoi il faut exer-
cer une juftice févére & implacable; à
moins qu'elle ne foit néceffaire, pour la
beauté de l'Arbre.

On apelle *Oeil*, en ftile de Jardinage,
une maniere de petit nœud pointu,
dans lequel font renfermées, durant
l'Hiver, les feüilles, & le jet qui doivent fortir au Printems.

Une bonne branche doit avoir des
yeux gros, bien nouris, & fort près les
uns des autres.

I v

4. Nous rangeons avec les mauvaifes branches , ces longts jets , gros comme le doigt , droits comme des cierges , & qui prennent leur naiffance fur les grof-fes-branches , qu'on voit fortir immé-diatement du haut de la tige. L'écorce de ces jets eft trés-unie , & trés-nette , & leurs yeux font plats & éloignés les uns des autres. On apelle ces jets fi gaill-ards , *branches gourmandes* , parce qu'el-les attirent à elles une trop grande por-tion de la féve. Il faut délivrer l'Arbre d'une branche fi inutile , & qui volle la nouriture des autres. Si on avoit befoin de cette branche pour remplir un vuide, on fe contenteroit de lui faire une taille de dix à douze pouces.

5. Il ne faut pas ménager davantage certaines petites branches déliées , qui font en confufion , & que pour cela on nomme *Branches chifonnes ;* parce qu'el-les ne peuvent donner ni bois ni fruit.

Un Jardinier qui fait un peu fon mé-tier, les retranche toutes fans miféricorde.

6. Il y a des branches à bois ; ce font celles qui forment la figure & la ron-deur de la tête de l'Arbre , & qu'on taille avec beaucoup d'atention , felon la vigueur du fujet , qui les porte, de-puis quatre jufqu'à douze pouces de long.

7. Les branches à *Fruit*, qui sont le cher objet de nos soins, sont plus menuës que les branches *à bois*. On racourcit celles qui sont trop longues & qui sont trop foibles, pour porter tous leurs fruits. On laisse entieres celles qui sont d'une juste longueur, & on se contente de couper seulement l'extrémité de la branche, afin que les boutons à fruits profitent davantage.

8. On force, quand on veut, les branches à bois de faire des branches à fruit. Cela se fait ainsi : on retranche *en talus*, ou *à l'épaisseur d'un écu*, cette branche à bois ; il arive presque toûjours que la séve étant déroutée, elle donne une ou deux branches à fruit.

Couper une branche *en talus*, c'est la même chose qu'en pié de Biche ; & de maniere que la coupe fasse un long ovale, au bout de la branche coupée.

Couper une branche *à l'epaisseur d'un écu*, c'est n'y laisser de bois qu'autant qu'un écu est épais. Cette opération, comme la précédente, se pratique sur les grosses branches, qui entrent en dedans d'un Arbre & qu'on retranche, afin d'empêcher qu'elles n'y fassent de la confusion. Ces deux sortes de tailles ont été heureusement inventées par feu M. de la Quintinie. Il a fallu autant d'ex-

F vj

périences qu'en avoit ce grand homme,
pour découvrir l'utilité de cette maniere
de traiter les Arbres, qu'on force par-
là immanquablement à fructifier & à
prendre telle figure que l'on veut. Rien
n'a jamais été mieux imaginé.

9. A l'égard des Arbres foibles, il
faut retrancher toutes les branches qui
ne donnent aucune demonftration de
boutons à fruit ; parce que ces fortes
d'Arbres ne donnent du fruit que fur les
groffes branches.

Les branches à fruit fe connaiffent
par les boutons, qui font aifés à diftin-
guer, parce qu'ils font doubles.

Les branches à bois n'ont point de
boutons : elles ont feulement de ces
yeux, ou petits nœuds pointus, dont
j'ai parlé.

10. Les Arbres *vigoureux* doivent
ordinairement être taillés fort court,
c'eft-à-dire, à deux ou trois yeux près
de l'endroit d'où la branche eft fortie ;
en les laiffant cependant bien chargés
de branches, tant à fruit, qu'à bois ; &
fur tout de celles qui compofent la figure de l'Arbre, & qu'on doit toûjours
laiffer longues d'un pié & demi.

Pour ce qui eft des Arbres foibles,
il faut leur laiffer peu de branches, foit
qu'elles foient à bois, ou à fruit. On

taille celles qui reftent , de la longueur
de cinq à fix pouces feulement.

Tailler long, confifte à donner une taille de dix ou douze pouces fur une branche à bois , venuë de la taille de l'année
précédente.

Tailler court : c'eft tailler à deux ou
trois yeux fur une branche à bois, qui
forme la figure réguliere d'un Arbre.

11. M. de la Quintinie dit : tout le
fuccès de la taille dépend de favoir ôter
entierement les branches inutiles ; foit
parce qu'elles font ufées, foit parce qu'-
elles n'ont aucune bonne qualité : Et à
l'égard de celles que l'on conferve , il
importe extrémement de leur régler une
longueur proportionnée à leur force, &
à la force de tout l'Arbre ; de maniere
que chacune puiffe enfuite aifément
produire à fon extrémité , autant de
bonnes branches , qu'on en a befoin ,
foit pour le fruit, foit pour achever de
compofer aux Arbres la beauté qu'il y
faut enfuite entretenir. Voilà ce qu'on
apelle la taille ordinaire des Arbres.

12. Je dis , ajoûte M. de la Quintinie , en parlant de la taille des branches,
qu'il faut tenir courtes celles qui font
fortes ; cela veut dire celles qui font
groffes : & qu'il faut tenir longues celles qui font foibles ; cela veut dire celles
qui font menuës.

13. Pour faire porter du fruit à un jeune Arbre vigoureux, & qui ne pouffe qu'en bois, il le faut tailler long, dit le Jardinier Solitaire ; c'eft-à-dire, à dix, ou douze pouces : & cette taille fe doit faire au mois de Mars. Il faut laiffer fur cet Arbre les branches de faux bois, & celles qui font inutiles ; afin de les retrancher l'année fuivante. Ces branches de faux bois abforberont la féve, & difposeront l'Arbre à n'avoir qu'une féve modérée, qui lui donnera des branches à fruit.

14. Pour bien tailler les Arbres, dit le Curé d'Hénonville, il faut tous les ans rafraîchir toutes leurs branches, plus ou moins, felon leur force ; & recouper le bois du mois d'Août, qui eft le jet de la derniere féve ; fi ce n'eft qu'il foit néceffaire de le conferver, faute d'un meilleur ; ou qu'il fe trouve fort, & bien nouri.

Il eft encore néceffaire d'acourcir les branches foibles, & menuës, & celles mêmes, qui font difposées à porter du fruit l'année fuivante, afin qu'elles fe fortifient, & que leurs boutons foient mieux nouris.

Le Jardinier doit prendre garde de ne pas trop dégarnir les Arbres, en les taillant ; d'autant qu'il eft auffi dange-

reux de leur ôter trop de bois, comme
de les laiſſer trop confus.

Les Arbres en buiſſon ſe doivent
tailler comme ceux en eſpalier ; pour
les uns & les autres, on doit ſe conduire de la même maniere.

LES PECHERS, LES ABRICOTIERS, LES PRUNIERS.

Les Arbres à noyau, comme ſont les
Pêchers, les Abricotiers, & les Pruniers, demandent auſſi le ſecours de la
taille. Il en faut tailler les branches à
quatre, ou à cinq yeux ; & ſur tout il
faut ſe régler ſelon la vigueur de l'Arbre. On y doit laiſſer toutes les branches
à fruit : mais il n'y faut laiſſer de fruit,
quand il eſt noüé, qu'autant que les
branches en peuvent nourir.

On taille les Pruniers dez le mois de
Février : mais on taille les Pêchers, &
les Abricotiers environ le 15 de Mars.

On taille une ſeconde fois les Pêchers
en eſpalier. Cette opération ſe fait depuis la mi-Mai, juſqu'à la mi-Juin.

On ne retaille alors que les branches à
fruit ; ſupoſé que cela ſoit néceſſaire :
& alors on décharge ces branches de ce
qu'il y peut avoir de trop de fruit.

En Mai & en Juin, on pince les Pê-

chers, les Abricotiers, les Pruniers, les
Figuiers. Ce pincement est une espéce
de taille qui se fait avec les ongles, à
trois ou quatre yeux. Cette opération
arrête les branches qui veulent devenir
gourmandes.

En Mai & en Juin, on ébourgeonne
les Pêchers, & les Abricotiers; & on
fait la même chose en Avril, & en Mai
aux Poiriers.

Cet ébourgeonnement se fait, comme la taille, avec la serpette, par le
moyen de laquelle on ôte toutes les branches inutiles, & qui font de la confusion : autrement elles voleroient la séve,
qui est destinée pour les branches à bois,
& à fruit.

En un mot, voici tout le précis de ce
qu'il faut faire pour la taille des fruits à
noyau. On ne sauroit donner des idées
trop claires, sur une matiere si interes-
sante.

I. La premiere taille qu'on fait aux
Pêchers vigoureux sur la fin de l'Hiver,
doit être retardée jusqu'à ce qu'on les
voye prêts à fleurir. Alors on connait
mieux les boutons, qui doivent certainement donner des fleurs : & par con-
séquent on est plus en état de savoir ce
que l'on doit ménager, ôter, & conserver dans les branches à tailler, soit

pour le bois, foit pour le fruit.

II. Outre cette premiere taille, qui fe fait à la fin de l'Hiver, il eft fouvent néceffaire d'en faire une feconde, & quelquefois une troifiéme, fur tout pour les fruits à noyau, comme font les Pêchers, & les Abricotiers. Ces deux dernieres tailles fe font vers le milieu du mois de Mai, lorfque les fruits font ou noués, ou coulés. Par là on conferve aux fruits naiffants une plus abondante nouriture : ou bien on délivre l'Arbre de nouvelles branches inutiles, & incommodes, qui le défigurent.

LA VIGNE.

Il eft certain que de tous les Arbres, que les préceptes du Jardinage affujétiffent à l'opération de la taille, la Vigne l'éxige d'une néceffité plus indifpenfable.

1. Pour ce qui eft du tems, qu'il la faut tailler, il n'y a autre chofe à dire, que ce qui a été dit pour le tems de la taille des Arbres fruitiers. En éfet on doit obferver à la culture, & à la taille de la Vigne, toutes les mêmes régles, que nous avons marquées pour la culture, & pour la taille des Arbres du Jardin fruitier.

Ainsi la taille des Ceps de Vigne se fait régulierement au mois de Mars.

2. Quant à la maniere, il faut tailler sur les plus grosses branches les mieux placées, à quatre bons yeux, à les compter depuis l'endroit, où la branche a pris sa naissance.

On leur laisse plus de longueur, quand on veut faire monter promtement une Vigne, ou lorsqu'il s'agit de garnir quelque lieu éloigné.

Il faut avoir soin de couper à un grand pouce loin de l'œil, qui doit se trouver le dernier dans la branche taillée.

La branche, qui est plus basse, que la grosse, qu'on vient de tailler, doit être coupée à deux yeux.

De cette branche, qui est donc au dessous de la grosse, on en fait, en la coupant à deux yeux, un *Courson* ; c'est-à-dire, une branche qui en donnera deux bonnes, qu'on taillera l'année suivante, afin de retrancher entierement dans la suite la grosse branche, qui avoit été taillée à quatre yeux.

On ébourgeonne la Vigne, & on la lie en Mai, Juin, & Juillet, afin que le raisin profite, & meurisse parfaitement.

LES FIGUIERS.

Il y a moins de façon à la taille des Figuiers. Comme ce fruit ne vient que fur les groffes branches, ce font celles, qu'il faut tailler en les pinçant, ou en coupant les jets trop longs. Cette opération fe fait pour les forcer à produire des branches à fruit, & afin de faire groffir les Figues.

Il faut obferver, que les Figuiers en caiffes réüffiffent mieux ; parce qu'on les tranfporte en Hiver dans la ferre, où ils font à l'abri de la gelée, qui les tuë. Quand ils font devenus trop gros, on les met en pleine terre ; & on tâche de les y garentir des rigueurs de l'Hiver.

On les multiplie par la voye des marcotes.

OBSERVATIONS.

1. Le Jardinier doit prendre garde dans la taille à ne pas trop dégarnir le pié, ni le corps des Arbres. C'eft pourquoi il doit toûjours les tailler plûtôt trop long, & racourcir beaucoup les hautes branches, & celles qui font au haut de la muraille ; parce qu'elles attirent à elles toute la fève, & font dégarnir le bas de l'Arbre.

2. On ne taille point les Arbres à plein vent. On les abandonne à leur génie, quand on a eu soin de leur former une bonne & belle tête dans les trois, ou quatre premieres années. En éfet il n'eſt pas aiſé, & il eſt même dangereux de ſe porter ſur les branches élevées de ces ſortes d'Arbres. Les règles les plus ſéveres du Jardinage ne demandent pas qu'on expoſe ſa vie, pour des opérations aſſez inutiles.

3. A l'égard des jeunes Arbres, ſoit qu'ils aient pouſſé une ſeule branche, ou deux, ou davantage ; bien, ou mal placées, il faut que le bon ſens faſſe reconnaître au Jardinier, s'il faut couper celle qui eſt ſeule, pour qu'il en revienne pluſieurs. C'eſt à lui à juger celles qu'il doit ôter ; celles qu'il faut laiſſer. Certainement il augurera bien par lui-même, s'il a un peu de génie, le parti qu'il doit choiſir : pourvû que ſur tout il ſe ſouvienne dans cette occaſion, que ſon principal objet eſt de faire en ſorte que l'Arbre puiſſe avoir une belle tête, & devenir d'une agréable figure.

4. Après tout il faut être ſincere, & avoüer de bonne foi, que quelques règles qu'on puiſſe donner pour la taille des Arbres, un Curieux ne devient pas par là aſſez habile, pour ne point faire de

fautes dans cette pratique, qui eſt ſans
conteſtation, la plus dificile, qu'il y ait
dans le Jardinage. Donc à tous les principes, que j'ai donnés, il eſt important
qu'il joigne, pendant deux ou trois ans,
l'uſage, & la pratique ; & qu'il exami-
ne dans une ſeconde année ce qui eſt a-
rivé de la taille précédente ; & que ſur
cet examen il raiſonne pour corriger les
défauts, où il peut être tombé. Car enfin on ſe trompe ſouvent ; & d'autant
plus ſouvent que la Nature, qui a ſes
caprices, ne répond pas toûjours à ce
que l'on en atend : Elle fait quelquefois
tout le contraire ; & c'eſt ſur ces irré-
gularités, qu'on ne découvre que par la
pratique, qu'il faut aprendre à ſe régler
à l'avenir. C'eſt pour cela qu'en fait de
Jardinage, on ne peut donner que des
principes généraux, & qu'il n'y a point
de règles pour les cas ſinguliers. C'eſt
dans l'étude, & dans l'obſervation continuelle de la Nature, qu'on découvre
ſon génie, qui ne ſoufre pas volontiers
la contrainte où nous voulons l'aſſujétir.
Nous voudrions qu'elle nous donnât
une bonne branche, pour remplir un
vuide, qui défigure un Arbre ; elle s'é-
chape, & tandis que nous l'atendons
d'un côté, elle ſe déclare par un autre,
où nous aurions interêt, qu'elle ne
montrât aucun ſigne de vie.

III. Paliſſer les Arbres.

Ce n'eſt pas le tout que de bien tailler les Arbres, il faut encore ſavoir les Paliſſer d'une belle maniere.

1. La plus ſimple, & même la plus naturelle façon de paliſſer, c'eſt d'atacher les branches contre la muraille, avec le clou, & avec de petits morceaux de cuir, ou des liſieres de drap, ſupoſé que le clou puiſſe tenir dans la muraille. Par ce moyen, les Arbres ſont bien étendus, ſont couchez proprement, & forment ſur la muraille une eſpèce de tapiſſerie de verdure fort agréable.

2. Quelques-uns, qui prennent le chemin le plus court, & qui oblige à moins de dépenſe, ſont ſeller dans les murailles des os de pié de mouton : Mais franchement ces os, qui ne ſe trouvent jamais bien couverts de feuilles, ſont un aſſez des-agréable ſpectacle dans un Jardin.

3. Il ſeroit à ſouhaiter que ceux, qui ont des Jardins, fuſſent tous en état de donner dans les treillages faits d'échalas de bois de chêne ; & qu'on atache à la muraille par des crochets de fer, qu'on y ſelle à trois piés de diſtance l'un de l'autre. On leur donne deux pouces de

saillie pour pofer les échalas , qu'on lie
enfuite avec du fil de fer. Après cela on
les peint en huile, afin qu'ils durent davantage.

La diftance des échalas doit être d'environ huit pouces pour la largeur , fur
neuf de hauteur.

Ce treillage coûte beaucoup : mais il
eft parfaitement beau , & dure long-
tems.

La principale atention , en dreffant
les branches des Arbres , c'eft de les é-
tendre en forme d'éventail ; & qu'il n'y
ait point de place dégarnie. C'eft pour
cela qu'entre deux Arbres de tige , on
en met un à demi tige; pour que toute
la muraille foit ornée de verdure.

Voilà ce que j'ai crû devoir dire fur
cette Partie du Jardinage , qui eft inconteftablement la plus dificile à traiter.
J'efpére qu'avec ces régles, un Jardinier
qui a un peu de tête , peut fort bien fe
hazarder à prendre la fcie , & la ferpete,
pour tailler les Arbres fruitiers. C'eft à
lui à apliquer aux cas particuliers les
principes généraux de la taille , que je
viens de donner. Il eft impoffible de les
décrire tous. Je ne me flate pas d'avoir
dit tout ce qu'on doit pratiquer dans
toutes les circonftances diférentes , qui
n'ont point de bornes. Et comment pou-

rois-je le faire , fi M. de la Quintinie,
après trente années d'expérience , & d'a-
plication continuelle à la culture des Jardins , fe trouve obligé de dire ingénu-
ment : Je ne compte pas de n'avoir rien
oublié : Je n'ai garde d'avoir cette pré-
fomption ; fachant qu'il en eft de la taille des Arbres , comme de la Médecine,
& de la matiere des procès : Hypocrate
& Gallien avec tant d'Aphorifmes pour
l'une : le Code & le Digefte avec tant
de Réglemens, & d'Ordonnances pour
l'autre , n'ont pû pourvoir à tout, ni par
conféquent tout décider, puifqu'il furvient tous les jours des faits nouveaux.
La Quintinie, Liv. IV. Chap. 9. pag. 34.

ARTICLE IV.

La maniere de grèfer les Arbres fruitiers.

J'ai dit, dans le Chap. IV. pag. 103.
de la premiere Partie, que dans le Jardinage on n'a rien inventé de plus inge-
nieux que l'ufage de la grèfe, ni rien
qui foit plus agréable , & plus utile.
Car on a trouvé par là le moyen de faire
changer de nature un Arbre fauvageon,
& de multiplier prodigieufement les
bons fruits. Sans l'Art de la grèfe, nous
ferions pauvres en matiere de fruits, &
nous

nous ferions obligés de nous contenter
de ceux, que nôtre climat, & la fimple
Nature nous donnent ; bons ou mauvais. C'eft donc à la feule adreffe de
grèfer, que nous devons tant de fortes
d'excélents fruits, qui ont été certainement inconnus à nos Ancêtres.

Tout le fecret de cet Art admirable
confifte à planter une partie de quelque
Arbre que l'on eftime, fur quelque endroit d'un autre Arbre, dont l'efpéce
déplait. C'eft changer la tête d'un Arbre : c'eft le métamorphofer en une autre efpéce. C'eft lui faire adopter une
filiation de fruits, qui ne font point de
fa famille, & qu'il eft forcé de faire fubfifter à fes dépens, & de nourir de fa
propre fubftance. Si cette opération fe
fait fur des branches, c'eft unir à un
corps des bras étrangers, & pofticlies,
par le fecours defquels l'Art nous préfente une richeffe de délicieux fruits,
dont nous ne fommes pas précifément
redevables à l'inftitution de la Nature.
Je parle ici un langage poëtique : auffi
ne fais-je que traduire ce qu'Ovide, fi
habile à peindre, dans fes Vers, les Phé-
nomenes de la Nature, a dit fur l'Art de
grèfer. *Lib.* 1. *de Remed. Amor.*

Venerit infitio. Fac ramum ramus adoptet.
Stetque peregrinis Arbor opera comis.

II. Partie.   K

Grèfer , c'eſt donc couper la tête ; ou les bras à un Arbre , afin de lui donner une nouvelle tête , ou de nouveaux bras.

Il me ſemble , qu'on pouroit réduire ſous trois claſſes toutes les manieres de grèfer : ceux qui en admetent davantage, multiplient les êtres ſans néceſſité : car enfin une circonſtance de plus , ou de moins , n'eſt point un fondement ſufiſant , pour établir une eſpéce nouvelle dans les Grefes.

1. La Grefe *en Ecuſſon* $\left\{\begin{array}{l}\text{à la pouſſe.} \\ \text{à œil dor-} \\ \text{mant.}\end{array}\right.$

2. La Grefe *en fente* , ou en poupée.

3. La Grefe *en Couronne.*

I.   *Le tems de Grèfer.*

1. La Grefe *en Ecuſſon à la pouſſe* , ſe fait au mois de Juin.

Celle *à œil dormant* , ſe pratique en Juillet, Août , & Septembre.

2. La Grefe *en fente* , ou en poupée , ſe fait en Février , & Mars , auſſi-bien que la Grefe *à emporte-pièce :* & en Avril pour toutes ſortes de Pommiers.

3. La Grèfe *en Couronne* , ſe fait

vers le commencement du mois de
Mai.

La Grèfe *en flûte*, eft prefque la même chofe, que la Grèfe en Ecuflon.
S'il y a quelque diférence, c'eft que la
Grèfe en flûte eft plus vetilleufe, &
moins certaine.

La Grèfe *à emporte-pièce*, eft à-peu-
près la même manœuvre que la Grèfe
en fente, ou en poupée.

Le Jardinier folitaire a négligé la
Grèfe *en flûte*, & la Grèfe *à emporte-pièce*, fans doute, parce qu'il les eftime
inutiles, & que les Grèfes en Ecuflon,
en fente, & en Couronne, fufifent,
pour faire un beau Jardin fruitier, qui
eft ici notre point de vûë.

II. Les diférentes manieres de grèfer.

I. *La Grèfe en Ecuflon*, foit à la
pouffe, foit à œil dormant, fe fait toûjours de la même maniere.

1. Il faut commencer par prendre
fur le Poirier, Pommier, ou Prunier,
dont on veut grèfer, des prémiers jets
de l'année, dont les yeux foient bien
formés, & bien nouris. Ces jets fe peuvent conferver trois, ou quatre jours,
pourvû que le gros bout foit dans de
l'eau. M. de la Quintinie dit qu'un œil

K ij

simple, sur un jet de Poirier, de Pommier, ou Prunier, sert aussi bien que les yeux doubles, ou triples. Le Jardinier solitaire veut que les jets, qu'on prend sur le Pêcher, aient des yeux qui soient doubles : autrement, dit-il, on ne peut pas les employer à gréfer.

Après cela, on choisit le sujet, qu'on veut gréfer ; & sur une branche, si l'Arbre est gros, ou sur le corps même de la tige, si elle est menuë, on fait, dans un endroit bien uni, deux incisions, qui font la figure d'un grand T. L'incision d'en-haut est *horizontale* ; & elle doit être longue d'environ un demi pouce. La seconde est *perpendiculaire* ; c'est-à-dire, de haut en bas ; on la doit faire de la longueur d'un bon pouce.

3. Les deux incisions faites, on détache l'écorce peu à peu, avec le coin du manche du Gréfoir, qui est un petit coûteau, dont la lame est longue d'environ deux pouces ; & dont le manche doit être menu, aplati, arondi par l'extrémité, & plus long d'un pouce que la lame. C'est entre ces deux incisions, & sous l'écorce de la branche, ou de la tige, qu'il faut faire entrer l'Ecusson.

4. Cet Ecusson se léve de dessus le jet, ou rameau pris à l'Arbre, dont on

veut gréfer. On le léve de la forte. On choifit fur ce rameau un endroit, où il parait un bon œil. C'eft cet œil, qu'il s'agit de détacher du rameau.

On fe fert pour cela, du Gréfoir, avec lequel on fait dans l'écorce qui environne l'œil, deux incifions femblables à la figure V. aprés quoi avec le manche du Gréfoir, on détache l'écorce, dans l'enceinte de laquelle fe trouve l'œil, qu'on leve aprés cela fort aifément. Voilà l'Ecuffon, ainfi nommé; parce qu'il a la figure de l'Ecuffon, dont on fe fert dans le Blazon, pour placer les Armes de Nobleffe.

Il n'importe pas, quand on enléve l'écorce avec l'œil, fi on emporte en même tems un peu de bois.

5. On introduit cet Ecuffon, en commençant par la pointe, entre l'écorce, & le bois du fauvageon, jufqu'à ce que le haut de l'Ecuffon réponde exactement à l'incifion horifontale du fujet qu'on gréfe.

6. L'Ecuffon pofé, on le lie avec de la filaffe.

7. Si cette Gréfe fe fait au mois de Juin, elle s'apelle *en Ecuffon à la pouffe.* Et alors on coupe fur le champ le fauvageon à quatre doigts au deffus de l'Ecuffon.

8. Mais quand cette Gréfe se fait en
Juillet, Août, & Septembre, on la nomme *en Ecusson à œil dormant* : & dans ce
cas-là on ne racourcit le sauvageon,
qu'au mois d'Avril suivant, lorsque
l'Ecusson a poussé. C'est ce long délai
qu'on aporte, pour couper le sauvageon,
qui a fait nommer cette Gréfe *en Ecusson à œil dormant.*

9. C'est sur la grandeur de l'incision,
que l'on fait au sauvageon, qu'il se faut
régler pour la grandeur de l'Ecusson,
qu'on léve sur le jet, ou rameau.

10. La Gréfe en Ecusson est pour
toutes sortes de fruits, tant à pepin,
qu'à noyau : Excepté que les Pêchers
doivent être gréfés *en Ecusson à œil dormant* : c'est-à-dire, en Juillet, Août,
& Septembre.

11. *La Gréfe en fente* est merveilleusement célébrée par Virgile dans le II.
Livre de ses Géorgiques : mais il n'a
pas oublié la Gréfe en Ecusson, par laquelle il commence sa description : *La
façon, dit-il, d'enter en Grèfe, & celle
d'enter en Ecusson, sont bien diférentes :
car au même endroit de l'Arbre, d'où les
bourgeons sortent du tronc, & par où ils
rompent l'écorce déliée, on fait une petite
fente dans le bourgeon, où l'on renferme un
bourgeon étranger, qu'on a coupé d'un autre*

Arbre ; & on le met en état de l'incorporer
avec l'écorce , humectée de féve. On coupe
les troncs , qui n'ont point de nœuds , on les
fend avec des coins bien profondément par le
milieu. Enfuite les Grèfes , qu'on y fait in-
troduire , pouffent à merveilles ; & les Ar-
bres ne tardent pas à jeter de grandes bran-
ches , qui montent jufqu'au ciel. Ainfi on eft
enchanté de leur voir porter des fortes de
feüilles , qu'on ne leur avoit jamais vûes , &
des fruits qui ne font point de leur efpéce.

Miraturque novos frondes , & non fua poma.

Cette defcription eft belle ; mais elle
n'eft pas affez détaillée. Voici ce qu'il
y faut ajoûter.

1. On peut gréfer en fente , non-feulement fur de groffes tiges , qu'on a é-
tronçonnées , mais on le peut faire auffi
fur plufieurs branches d'Arbres , foit
Nains , foit de tige ; même fur des piés
de deux , ou trois pouces de tour ; parce que les uns , & les autres peuvent
fort bien foufrir la fente , & ferrer fufifamment la Grefe.

2. Cette Grefe , ou ce Rameau ,
qu'on emploie , doit être de deux , ou
trois pouces de long : ou fans trop faire
d'atention à la longueur , il fe doit trouver fur cette Grefe au moins trois bons
yeux.   K iiij

3. On taille en forme de coin, avec la ferpete, cette Grèfe par le gros bout. Cette efpece de petit coin doit être de la longueur d'un pouce & demi. Il faut laiffer aux deux côtés, qui borde cette figure de coin, de l'écorce qui foit bien adhérante au bois. Le côté, qui eft deftiné pour fe trouver en dehors, doit être plus large, & plus épais que l'autre, qui fera en dedans.

Il faut placer fi jufte dans la fente ce petit coin, que l'écorce de la Grèfe foit exactement à fleur de l'écorce du fauvageon; & que ces deux écorces fe répondent fi bien l'une à l'autre, que la féve venant du pié, trouve une grande facilité à fe faifir de la Grèfe, en s'infinuant entre fon bois & fon écorce. Un Jardinier bien fenfé ne manquera pas de faire enforte, qu'il n'y ait point de jour entre la Grèfe, & les deux côtés de la fente, & que cette Grèfe tienne fi bien, qu'elle ne puiffe pas être ébranlée facilement par les vents, & par les pluies.

5. L'Arbre grèfé doit être auffi-tôt lié d'un brin d'ozier, & puis recouvert bien proprement, fans ébranler la Grèfe, avec une terre graffe, ou argileufe, dans laquelle on a mêlé de la mouffe, ou du foin fort délié. Cela fe fait pour

empêcher que l'Arbre, & la Grefe ne s'altérent par les pluies, par la fécherefle, ou par les autres injures de l'air. C'eft ce qu'on apelle *emmaillotter les Gréfes* en fente ; & comme cela a quelque reffemblance aux poupées des enfans, on a donné, à cette forte de Grefe, le nom de *Grefe en poupée.*

6. Lorfqu'on ne met qu'une Grefe fur un fauvageon (on n'y en met pas d'ordinaire davantage) en coupant le pié du fauvageon à cinq, ou fix pouces de terre, on doit obferver de le tailler en pié de biche, ou en talus, jufqu'à moitié de la tige, & couper le refte tout plat, afin d'y pouvoir pofer mieux la Grefe. La raifon de cette coupe en talus, c'eft que l'Arbre taillé fe recouvre plus aifément. C'eft à quoi il faut avoir toûjours égard en de pareilles occafions.

7. Il ne faut pas un grand éfort pour fendre les fauvageons ; un feul gros coûteau fufit pour cela : mais quand il s'agit de fendre une groffe fouche, on eft obligé de donner quelque coup de maillet fur le coûteau, pour faire une fente fufifante. On tient la fente ouverte par le moyen d'un coin de fer, qu'on y laiffe, jufqu'à ce que la Grefe foit bien placée.

8. Comme un Arbre d'une feule ti-

K v

ge eſt plus naturel , & plus beau , il ne
faut mètre qu'une Grèfe ſur les ſauva-
geons , qu'on ente dans les Pepinieres.

9. Le Jardinier ſolitaire eſtime que
pour grèfer les vieux Troncs , les grefes
doivent être priſes d'un bois de deux ſè-
ves ; & que le coin de ces grefes doit être
fait de maniere, que tout le vieux bois
ſoit dans la fente , & que l'entaille qui
poſe ſur le plat du Tronc ſe trouve être
du bois de la derniere ſève. *C'eſt*, dit-il ,
*ſur le ſentiment d'un Auteur , que ces ſortes
de gréfes ont plus de ſimpathie avec le vieux
bois des gros Troncs; mais cela* , ajoûte-t-
il , *ne réüſſiroit point ſur un ſauvageon , ſui-
rant l'experience que j'en ai.*

10. Le même Auteur dit , qu'avant
que d'introduire la grèfe dans la fente du
Sauvageon ou du Tronc , on doit la laiſ-
fer tremper environ deux heures dans
l'eau , & qu'elle en reprendra mieux.

11. La longue expérience qu'il a de
l'art de grèfer, lui a fait découvrir une
régle dé la Nature , qui eſt certainement
admirable , & d'une extrême importance , pour que les Arbres grèfés prennent une belle tête. Il dit que la grèfe ,
poſée ſur le Sauvageon , reprend , quoiqu'on faſſe , la ſituation qu'elle avoit
ſur l'Arbre, duquel elle a été priſe. Si le
jet , ou rameau étoit droit , & perpen-

diculaire ; il pouſſera droit , & perpen-
diculairement à l'horiſon , ſur le Sauvageon,où il a été mis. Si au contraire
ce jet étoit ſitué horiſontalement ſur ſon
Arbre , il ſe remètra de la méme maniere , ſur le Sauvageon , & pouſſera
tout de côté , ſans preſque s'élever en
haut. Matiere d'explication pour les
Philoſophes.

III. *La Gréfe en couronne* ſe fait entre le bois & l'écorce, ſur des tiges , qui
ont du moins trois ou quatre pouces de
diamètre. On s'y comporte ainſi.

1. On prend des rameaux d'un bon
demi pouce de groſſeur , ayant dans leur
longueur quatre ou cinq bons yeux , &
on les taille en pié de biche par le plus
gros bout , en ſorte que l'entaille ait près
d'un pouce de longueur. Voilà la gréfe.
Allons à la tige qui la doit porter.

2. On choiſit au haut de la tige qu'on
veut enter , un endroit uni & ſans
nœuds. On y fait entre le bois & l'écorce une inciſion avec la pointe d'un coûteau ; enſuite vous achevez d'ouvrir cette inciſion avec un petit coin de bois
fait exprés , moyennant quelques petits
coups de maillet donnés à propos ſur le
coin , ſans que l'écorce en ſoit endom-
magée.

3. L'inciſion & l'ouverture ſufiſan-

tes étant faites, on y introduit la grefe,
qu'on affeure en la liant avec de l'ozier.
Aprés quoi on emmaillote le haut de la
tige avec de la terre graffe, comme nous
l'avons dit de la Grèfe en fente.

4. Comme on peut aranger plufieurs
Grèfes de trois pouces & demi de diftance l'une de l'autre autour de la tige ,
& que cela forme une efpéce de couronne , on a nommé cette maniere d'enter : *Grefe en Couronne.*

On convient aujourd'hui que la Grèfe en couronne eft plus aifée , & préfé-
rable à celle en fente ; & qu'elle eft plus
immanquable. Ce qu'il y a de certain ,
c'eft que la Grèfe en couronne ne
fatigue point , les vieux Troncs , les
groffes branches , ni les Sauvageons.
Au contraire la Grèfe en fente, où il
faut une incifion violente pour mètre la
la Grèfe , donne une terrible fecouffe à
un Arbre.

IV. *La Grefe à emporte-pièce* , fe pratique ainfi.

1. Il faut faire avec un cifeau, ou une petite couge, dont fe fervent les Menuifiers,
une entaille dans l'écorce & dans le bois
d'une tige étronçonnée. Cette entaille
doit être d'une largeur & d'une profondeur proportionnées à la groffeur des Grèfes, qu'on veut employer ; afin qu'elles y

soient enchaffées bien jufte.

2. On taille la Grèfe à peu près comme pour la fente.

3. Quand le rameau eft entré avec un peu de peine dans l'entaille, on lie avec de bon ozier la tête grèfée, & qu'on emmaillote enfuite.

4. Il faut faire plufieurs entailles, lorfqu'on défire mètre plufieurs Grefes fur un fujet.

5. Une obfervation générale pour tous les Rameaux, c'eft qu'ils doivent être d'autant plus gros, que les Arbres, qu'on ente, font eux-mêmes plus gros & plus vieux.

Au refte cette forte de Grefe eft affez bonne pour les gros Arbres, qu'on ne peut fendre, fans les altérer beaucoup.

V. *La Grèfe en flûte* eft la plus difficile de toutes. En deux mots, c'eft choifir un Rameau, dont on enléve l'écorce en forme d'un chalumeau, & qu'on tranfporte fur un Sauvageon de la même groffeur; après l'avoir lui-même dépouillé de fa propre écorce, pour adopter une écorce étrangere, avec tous les yeux qui s'y rencontrent. C'eft une afaire bien férieufe, que de dépouiller circulairement un Rameau de fa propre écorce, pour en revêtir un fauvageon, qu'on a auparavant dépouillé lui-même.

Les longüeurs & les dificultés qu'il y a
à enter de la forte, font qu'on ne fe fert
guére de cette maniere de grèfer. Comme il ne feroit pas aifé de dépoüiller ainfi les Arbres de leur écorce, à moins
qu'il ne foient en pleine féve ; c'eft pourquoi cette forte de Grefe ne fe fait bien
avec fuccès qu'au mois de Mai.

La Grefe en flûte eft pour les Ma-
ronniers, Chataigniers, Figuiers, &c.

OBSERVATIONS.

1. Toutes fortes de Cerifes hatives
& tardives, Guignes, Griotes, Biga-
reaux, peuvent être fort bien entés fur
des Merifiers.

2. Les Azeroles fe grefent, foit en
Ecuffon, foit en fente fur l'Epine blanche, & quelquefois fur de petits fauvageons de Poiriers.

3. La Vigne ne fe grefe qu'en fente
fur de vieux Ceps d'une autre Vigne.

4. On grefe les Poires fur des Coignaffiers, & fur des Poiriers fauvageons.

5. Les Pommiers fe grefent fur des
Pommiers de Paradis, & fur des Pommiers favageons.

6. Les Cerifiers de pié font de bons
fujets pour y grefer les bonnes Cerifes.

Pareillement des Meriziers, on en fait de bons Ceriziers.

7. Les Pêchers & les Pavies se grè-fent en éculſon ſur le Prunier de Damas noir ou de S. Julien, ſur l'Abricotier, & ſur l'Amandier.

8. Les Pruniers ſe peuvent grefer en éculſon & en fente ſur d'autres Pruniers.

9. On peut enter en éculſon des Pruniers ſur d'autres Pruniers, mais la fente réuſſit mieux.

10. La curioſité, *dit le Curé d'He-* «
nonville, a fait inventer des grefes ex- «
traordinaires, & mêler des eſpèces «
d'arbres tout-à-fait diferentes, pour «
faire produire à la Nature des fruits «
nouveaux & monſtrueux. : Comme «
de faire paſſer une branche de Vigne «
au travers de la tige d'un Noyer, pour «
avoir des grapes de raiſin pleines «
d'huile ; D'enter la Calville ſur des «
Meuriers noirs, & des Pêchers ſur «
des Coignaſſiers, afin d'avoir des «
Pommes noires, & des Pêches ſans «
noyau ; mais l'expérience a fait con- «
naître, que la Nature eſt très-chaſte «
dans ſes alliances, très-fidelle dans «
ſes productions, & qu'elle ne peut «
être débauchée ni corrompuë par au- «
cun artifice. C'eſt une vaine imagina- «
tion, que de craire que la grefe puiſſe «

» quitter son espèce, pour prendre celle
» du pié, sur lequel elle est entée. Tout
» au plus, elle en tire sa nouriture.

Cependant Virgile, qui a si bien écrit
de l'Agriculture, dit dans le II. Livre
de ses Géorgiques, que de son tems on
grefoit des rameaux sur des Arbres, avec
lesquels ils n'avoient nulle convenance,
ou *simpathie de séve*, pour parler le langa-
» ge du Curé d'Henonville : le Noyer,
» dit le Prince des Poëtes Latins, se
» grefe sur l'Arboisier : Les Plantes sté-
» riles ont porté d'excélentes Pommes;
» On a vû des Chataigniers entés sur des
» Hêtres ; & des Frênes ont blanchi des
» fleurs blanches du Poirier. On a mê-
» me vû des Cochons manger du Gland
» qui tomboit des Ormes. *Géorgiq. Liv.*
II.

Inseritur vero ex fœtu Nucis Arbutus hor-
    rida :
Et steriles Platani Malos gessere valentes :
Castaneæ fagus Ornusque incanuit albo
Flore Piri : Glandemque sues fregere sub
    Ulmis.

Il est vrai que M. de la Quintinie
» nomme cela : Outrer la belle inven-
» tion de grefer, & se tourmenter à
» vouloir faire des monstres de fruits

par des entreprises aussi bizarres qu'i- «
nutiles. . . . . . . C'est ainsi que des «
Anciens se font mis à gréfer de la Vi- «
gne sur des Noyers, ou sur des Oli- «
viers, dans l'espérance d'y avoir des «
grapes d'huile. . . . . . Mais, sauf le «
respect dû à l'autorité des Anciens, «
je dirai ingénuëment que toutes leurs «
tentatives ont été la plus part fautives. «
Il nous doit suffire que chaque bonne «
espèce de fruits peut heureusement «
être grèfée sur des Sauvageons, ou «
autres sujets, d'une Nature à-peu- «
près semblable à la leur. « *La Quintinie.*
Liv. 5. *ch.* 2. *pag.* 241.

Je me garderois bien de dire avec ce
fameux Jardinier, que *les Anciens ont*
absolument perdu leur tems & leur peine à
faire des coups d'essai si extraordinaires.
J'aimerois mieux craire, qu'ils y ont
quelquefois réüssi ; mais que ces Arbres entés de rameaux, d'une espece si
éloignée, languissoient & ne duroient
guere.

Pourquoi veut-on que ces alliances
entre des Arbres si diférens, ne soient
que de vaines imaginations, qui n'ont
jamais eu aucune réalité? Est-ce que Virgile, partout si judicieux dans ses Géorgiques, a été capable de nous donner
un Roman, quand il s'est proposé de

nous conduire utilement dans l'œcoño-
mie de l'Agriculture? Il dit pourtant
» afirmativement : Bien souvent nous
» voyons qu'un rameau grefé fur un Ar-
» bre d'une efpece diferente, y reprend
» utilement ; de forte que des Pom-
» miers peuvent produire des Poires, &
» l'on peut faire venir des Cormes fur
» des Pruniers. *Géorgiq. liv.* 2.

Et fepe alterius ramos impune videmus
Vertere in alterius;mutatamque infita Mala
Ferre Pyrum : & Prunis lapidofa rubefce-
re Corna.

Y a-t-il plus d'éloignement d'efpece
entre un Prunier & un Cormier, qu'-
entre un Amandier & un Prunier de
Damas noir, dont on fait maintenant
» un Amandier admirable! J'ai grèfé
» quelquefois, *dit M. de la Quintinie*,
» des Pruniers en fente fur de gros A-
» mandiers, & qui ont affez bien fait.
V. Part. ch. 13. *pag.* 260. Quelle convenance y a-t-il tant entre une Prune &
une Amande? D'un Amandier on en
fait, avec tout le fuccès poffible, un ex-
celent Pêcher ; & cela fe voit dans
tous les Jardins, & tous les jours. Cet
Amandier & ce Pêcher ont-ils une efpece de par.   ′ plus proche, que n'eft

celle du Hêtre & du Poirier, dont le rameau a fleuri si hûreufement enté fur le
Hêtre, que célebre Virgile. Tant il est
vrai qu'on peut allier, par le moyen de
la grefe, des efpeces d'Arbres tout-à-fait
diférentes; & on peut penfer que l'Arbre enté, outre la nouriture qu'il four-
nit au rameau, il lui donne encore quelque chofe de fes bonnes ou mauvaifes
qualités.

Car enfin est-il imaginable que l'a-
rangement & les modifications, que la
féve acquiert, en paffant dans le Tronc
d'un Arbre, fe détruifent fi abfolument,
qu'il n'en refte aucune trace, quand
cette même féve vient à paffer du Tronc
dans le rameau enté ? Franchement, j'ai
peine à m'imaginer qu'une féve qui s'est
élevée le long d'une tige de fix à fept
piés, perde en un inftant, dans le court
paffage d'un petit rameau, toute la teinture, toute la configuration, toute la
contexture, toute l'imprégnation qu'elle
avoit acquife en paffant par un Tronc
dix ou douze fois plus long que la grefe.
C'est pourtant ce que le Curé d'Henonville, & M. de la Quintinie veulent nous obliger de craire. Ils ne peuvent pas cependant nier que cette dé-
compofition, ce dérangement de la féve, n'est pas une chofe bien facile. En

éfet M. de la Quintinie eſt forcé d'a-
voüer que cette féve eſt quelquefois re-
vêche & indiſciplinable , & qu'elle n'a
pas toûjours la complaiſance de ſe dé-
maſquer , & de ſe défigurer, pour s'ac-
» commoder au gré de la grefe. Selon
» lui, la féve des Poiriers à groſſe
» queuë eſt de cellès qui ne ſont point
» d'une humeur facile, qui n'admettent
» pas volontiers les grefes de toutes ſor-
» tes de Poiriers. On grefe quelque-
» fois, ajoûte-t-il , des Poiriers ſur des
» Pommiers, ſoit Sauvageons, ſoit Pa-
» radis , & ſur de l'Epine blanche, &
» ſur des Nèfliers ; mais communé-
» ment, ou ils ne durent point, ou ils
» ne font que languir. Il y a ſans doute
» une maniere d'antipathie à l'égard de
» leurs féves ; ſi bien qu'elles ne ſe peu-
» vent mêler enſemble , & ne ſoufrent
» aucun commerce de grefes. V. Part.
ch. 13. pag. 259. Donc, la feve du
Tronc conſerve opiniatrément & invin-
ciblement des veſtiges de ſa premiere
modification, lorſqu'elle paſſe du Tronc
» dans la grefe. C'eſt pour cela que le
» Bon-Chrétien d'Eté, muſqué, & les
» Poires de Portail, ont plus de peine,
» que cent autres eſpèces de Poiriers, à
» prendre ſur les Coignaſſiers. Pag. 258.
Mais pourtant, malgré cette prétenduë

antipathie , ils y prennent ; cela eſt certain : & il n'eſt pas moins conſtant que les Pommiers ſe grefent avec ſuccès ſur les Poiriers , & ſur les Coignaſſiers. Donc , il ne faut pas tant ſe révolter contre Virgile , ſur ces alliances d'Arbres ſi diférents d'eſpece , dont il parle dans ſes Géorgiques. Donc on peut ſe hazarder à grefer par curioſité , comme faiſoient les Anciens , & eſſayer par art de joindre ſur un même Arbre diverſes eſpeces , & d'avoir des fruits monſtrueux & inconnus à la Nature. On ſe peut porter d'autant plus volontiers à ces charmans & innocens coups d'eſſai, que Virgile, dans ce même ſecond Livre des Géorgiques , où il les raporte , comme aiant réüſſi de ſon tems , proteſte que dans ce qu'il doit dire , il n'amuſera pas ſon Lecteur par des Poëſies fabuleuſes, ni par de longs circuits inutiles :

Non hic te carmine ficto,
Atque per ambages , & longa exorſa tenebo.

ARTICLE V.

Les meilleures ſortes de fruits , qu'un curieux
doit mètre dans ſon Jardin fruitier.

Comme il ne s'agit pas ici de donner

des règles pour les grands & vastes Jardins, dont les Maîtres se piquent d'avoir de tous les sortes de fruits, je ne marquerai que ceux qui sont incontestablement reconnus pour bons, & qu'il convient de placer dans un Jardin de médiocre grandeur.

Un fruit n'est pas estimé, s'il n'a que de la beauté, sans avoir la bonté. Il est vrai qu'il faut que les yeux le trouvent agréable. Un fruit qui n'a pas une belle figure, & l'agrément du coloris, de quelque bon goût qu'il soit d'ailleurs, ne peut point passer pour un fruit parfait. La vûë & le goût y doivent trouver leur satisfaction ; sans quoi un fruit ne peut être rangé parmi ceux de la meilleure sorte.

I. LES POIRES.

Une Poire est censée excélente, lorsqu'avec la beauté, elle a une chair beurée, tendre, délicate, avec une eau douce, sucrée ; sur tout, s'il y a un peu de parfum. Telles sont :

La Bergamote.
La Verte-longue.
Le Beuré.
Leschasserie.

L'Ambrète.

Le Rousselet.

La Virgouleuse.

La Marquise.

Le Petit-oin.

L'Espine-d'hiver.

Le Saint Germain.

La Salviati.

Le Lansac.

La Colmart.

La Crasane.

Le Petit-Muscat.

La Jargonelle.

La Cuisse-Madame.

Le Bon-Chrétien d'hiver, qui, selon M. de la Quintinie, prime en excélence toutes les autres espèces de Poires.

Le Bon-Chrétien d'Eté, musqué.

Le Martin-sec.

La Portail.

Le Messire-Jean.

L'Orange verte.

La Blanquette, $\begin{cases} \text{la grosse.} \\ \text{la petite.} \\ \text{la longue-queuë.} \end{cases}$

La Robine.

La Cassolète.

La Sucrée verte.

La Double-fleur. $\Big\}$

Le Franc-réal.

L'Angobert,

La Donville.
L'Amadote.
Le Béfidéri.
La Loüife-bonne.
Le Saint Lézin.

Les huit dernieres fortes font defti-
nées à cuire , pour faire des compotes.
Le fucre corrige ce qu'il y peut avoir
d'acreté dans quelques-unes.

OBSERVATION.

Ceux qui n'ont qu'un petit Jardin ,
peuvent fort bien , fur un pié d'Arbre,
mètre deux fortes de fruits excélents ,
& de faifon diférente , comme pour
exemple ,
Un Bon-Chrétien avec un Beuré.
Un Lefchafferie avec une Ambrete ,
&c.
La même chofe fe peut pratiquer
pour les Pommes, les Pêches, les Prunes , &c.

II. LES POMMES.

La Calville { rouge { d'Eté.
{ blanche { d'Autonne.

La

La Reinete, { grife.
{ blanche.
{ franche.
{ rouge.

Les Coufinotes.
Le Rambour-franc.
Le Francatu.
Le Pigeonnet.
La Violete.
L'Api.
Le Cour-pendu.
L'Orgeran.
Le Fenoüillet.
La Paffe-pomme.

Pour avoir plus certainement de bonnes Pommes, il faut fe réfoudre à avoir
des Pommiers de tige dans un Verger.
Ils y deviennent grands, & y donnent
du fruit en abondance. Les Pommiers
ne s'accommodent point de la difcipline
auftere des Jardins fruitiers ; & fur tout
les Reinettes, les Calvilles, les Ram-
bours, les Francatu.

III. Les Peches.

L'Avant-Pêche.
La Pêche de Troie.

La Madeleine, { blanche.
              { rouge.

La Roffane.
La Mignone.
La Chévreufe.
La Bourdine.
La Pêche d'Italie.

La Violete, { hâtive.
            { tardive.

La Perfique.
L'Admirable.
La Pourprée.
La Royale tardive.
La Nivete.

La Jaune, { lice.
          { tardive.

          Brugnon violet.
          { blanc.
Le Pavie, { Cadillac.
          { Rambouillet.
          rouge.

L'Alberge, { jaune.
           { rouge.

V. LES PRUNES.

La Jaune hâtive.

Le Perdrigon, { blanc.
                 violet.

La Diaprée.
La Mirabelle.
Le Damas de Tours, le musqué,
   le blanc, à la perle, d'Italie.
La Rochecourbon.
La Prune de Monsieur.
L'Impératrice.
La Prune d'Abricot.
La Sainte Catherine.
L'Impériale.
La Royale.

V. Les Figues.

La Longue.
La Ronde.

VI. Les Raisins.

Le Muscat, { blanc.
              rouge.
              noir.
              long.

Le Cioutat.
Le Chasselas.
Le Raisin Précoce.

Le Raisin de Corinthe, { blanc.
                          rouge.

L ij

Le Verjus.

VII. LES CERISES.

La Tardive, } à longue queuë.
à courte queuë.

La Griote.
Le Bigarreau.
La Cérife précoce.

VIII. AUTRES ARBRES ET ARBRISSEAUX.

Abricotiers.
Amandiers.
Framboifiers.
Groifeliers.
Epines-blanches.
Azeroliers.

ARTICLE VI.

L'ufage des quatres murailles d'un Jardin fruitier, felon leurs quatre expofitions.

Je fupofe que le Jardin, dont on veut garnir les Efpaliers, ait cent toifes de pourtour ; & que par conféquent la muraille, qui eft expofée à l'Orient, & celle qui eft au midi, ont enfemble cinquante toises de bonne exposition.

Il y a vingt-cinq toises à la muraille, qui est exposée au Soleil couchant ; & cette exposition est la médiocre.

Il reste vingt-cinq toises à la muraille, qui est exposée au Nort ; cette exposition , quoique mauvaise , a ses utilités, pourvû qu'elle ait deux heures de Soleil par jour.

Dans un pareil Jardin , qui a cent toises en murailles , on peut élever à merveilles quatre-vingt bons Arbres en Espalier : Sçavoir :

4. sortes de *Raisin*.
2. *Figuiers* , blancs & ronds.
4. *Cerisiers*.
4. *Abricotiers* , 1. hâtif , 3. ordinaires.
6. *Pruniers* , Sçavoir , 2. Perdrigons violets. 1. Perdrigon blanc. 1. Sainte Catherine. 1. Prunier d'Abricot. 1. Rochecourbon.
2. *Pavies* , 1. blanc , 1. rouge.
2. *Brugnons* , violets , hâtifs.
14. *Pêchers* , Sçavoir :
L'Avant-Pêche.
La Pêche de Troie.
L'Alberge rouge.
L'Alberge jaune.
La Madeleine blanche.

La Madeleine rouge.

La Mignone.

La Chevreuſe.

La Violette hâtive.

La Violette tardive.

La Perſique.

L'Admirable.

La pourpée.

La Royale tardive.

30 *Poiriers*, Sçavoir :

1. Bon-Chrétien d'Eté.

2. Bon-Chrétien d'Hiver.

4. Bergamotes.

2. Beurés gris.

2. Virgouleuſes.

1. Petit-oin.

1. Sucré vert.

1. Epine.

1. Loüiſe-bonne.

1. Ambrete.

1. L'Echaſſerie.

2. Martin-ſec.

1. Verte-longue.

1. Robine.

1. Oranges vertes.

1. Cuiſſe-Madame.

1. Meſſire-Jean.

1. Franc-réal.

1. Bézidéri.

1. Amadote.

1. Portail.

1. Petit Muscat.
1. Rousselet.
12. *Pommiers* : Sçavoir ,
2. Calvilles.
4. Reinettes.
1. Cousinote.
1. Violete.
1. Api.
1. Rambour.
1. Francatu.
1. Cour-pendu.

J'ai déja observé que les Pommiers , qui aiment à devenir grands , & à se faire des têtes spacieuses , ne réussissent pas bien dans le Jardin fruitier , où ils se trouvent gênés , parce qu'on les y tient court ; & que quand on désire avoir beaucoup de Pommes , il faut avoir recours aux Vergers ; où ces Arbres superbes , vivant sans contrainte , fructifient à souhait. Les Cerisiers aiment encore merveilleusement le bel & grand air des Vergers.

Voilà les quatre-vingt Arbres , qu'on peut avoir dans un Jardin fruitier , qui aura cent toises de murailles.

Je ne compte point que dans ce même Jardin , on y aura encore une grande quantité d'Arbres , qu'on choisira selon son goût , & qui sera planté , ou en

L iiij

buiſſon le long des quarrés, dans les quarrés mêmes, ou en contreſpalier. Ce ſera là que l'on aura l'agrément de multiplier les ſortes d'Arbres, dont on n'a pas aſſez aux Eſpaliers. Que de places ſe préſentent dans l'étenduë de ce Jardin, pour y mettre des Raiſins, des Groſeilliers, des Framboiſiers, des Amandiers, des Azeroles, des Epines blanches, &c. Au reſte il eſt de la bonne œconomie de multiplier ſur tout les Arbres, dont les fruits durent tout l'Hiver & une partie du Printems. Tels ſont les Arbres ſuivants.

Les Poires qui durent durant l'Hiver.

L'Ambrete.
La Bergamote.
Le Bon-Chrétien.
La Colmart.
L'Epine.
La Saint Germain.
Le Martin-ſec.
Le Saint Léſin.
La Petit-oin.
Le Portail.
La Virgouleuſe.

Pommes d'Hiver.

L'Api.

Les Calvilles.
Les Reinetes.
Le Rambour.

Voyons maintenant à quelle expofition, & contre quelle muraille du Jardin, il eft plus à propos de placer ces divers Arbres, pour qu'ils réüffiffent au
gré d'un Jardinier curieux.

1. *La muraille qui regarde le Soleil Levant.*

Il y faut, pour la bien garnir, vingt
Arbres : Sçavoir, dix Arbres à demi tige, & dix Arbres nains, qui fe plantent entre les Arbres à demie tige, afin
que toute la muraille fe trouve remplie
& couverte de verdure.

Cette expofition eft admirable pour
les Pêchers, parmi lefquels on met
quelque Abricotier.

2. *La muraille qui regarde le Soleil du Midi.*

Dans le coin, que forment ces deux
premieres murailles d'Orient & de Midi, on peut planter les Figuiers. Ils ne
fauroient mieux réüffir que là.

On met le long de la muraille des

L v

Ceps de Raiſins muſcats, & des Chaſ-
felas, dont la tige aura cinq piés de haut,
afin de planter entre les Ceps, des Pêchers nains de neuf en neuf piés. On paliſſe en éventail les Vignes, comme les
Poiriers & les autres Arbres qu'on éleve
en Eſpalier.

3. *La muraille qui regarde le Soleil Couchant.*

On plante à cette expoſition des Poiriers, des Pêchers, des Abricotiers, &
des Pruniers.

Les Poiriers à demi tige doivent être
à douze piés de diſtance l'un de l'autre :
& on met des Arbres Nains entre-deux.

4. *La muraille qui regarde le Nord.*

Il ne faut mettre ici que quelques
Poiriers, quelques Pruniers, & du
Verjus.

Les Poiriers à demi tige feront à
neuf piés de diſtance, & on mettra un
Arbre Nain entre deux.

Dans cette expoſition, on ne laiſſe pas
tant d'eſpace entre les Arbres, parce
qu'ils n'y jètent pas tant de bois, que
dans les trois expoſitions précédentes.

OBSERVATIONS.

1. Il y a des Arbres fruitiers qui réüf-fiffent mieux en Buiffon : comme le Poirier de *Beuré* , & le Poirier de *Vir-goulcufe*.

2. Tous les fruits de médiocre grof-feur font merveilles en tige : comme le *Petit-oin* , le *Sucré vert* , l'*Epine* , la *Loui-fe-bonne*.

3. Les *Bon-Chrétien* , les *Bergamotes,* le *Petit-Mufcat*, ne viennent bien qu'en Efpaliers.

4. Les *Rouffelets* , les *Robines* , les *Lefchafferies* réüffiffent de toutes les fa-çons.

5. Les *Pêchers* , les *Mufcats*, ne veu-lent que des terres fèches.

6. Les *Cerifes* , les *Prunes* deman-dent une terre , qui foit un peu humide.

7. Les *Pêchers* grefés *fur Pruniers* , les *Poiriers fur Coignaffiers* aiment mieux les fonds gras, que les fonds fecs.

8. Les *Pêchers fur Amandiers* , & les *Poiriers fur Francs* viennent fort bien dans les fonds fabloneux.

9. Les *Mufcats* , & les *Figuiers* ne font bien leur devoir qu'à l'abri du froid.

10. Tous les fruits rouges, & la plû-part des fruits à pepin , fe plaifent au grand air.   L vj

11. Les terroirs secs sont propres à faire des fruits de bon goût : mais ils sont alors petits ; à moins qu'ils ne soient cultivés avec beaucoup de soin.

12. Les terroirs humides font de gros fruits : mais ils n'en produisent pas de fort délicats.

ARTICLE VII.

La culture des Orangers.

Les Orangers méritent bien qu'on se fasse un plaisir de les cultiver. Ils font durant l'Eté l'honneur de nos Jardins ; & pendant l'Hiver ils ont un grand agrément dans la Serre, où ils nous ofrent une charmante verdure, très capable de nous consoler du ravage, & de l'extrême désolation, dont la rigueur du froid afflige alors tous les Arbres fruitiers de nôtre climat Septentrional.

Ce qui nous doit encourager à leur culture, contre les vains épouventails, dont quelques Jardiniers Orangistes nous veulent faire peur ; c'est qu'il est certain qu'il n'y a guere d'Arbres, qui reprennent avec tant de facilité ; qui s'acomodent si aisément de toute sorte de nouriture ; qui vivent plus long-tems, qui soient sujets à moins d'infirmitez ;

qui aient fi peu d'ennemis particuliers,
& qui nous gratifient plus richement de
fleurs fi exquifes, & de fruits auffi précieux, que font les Orangers.

I. Les Orangers, & les Citronniers,
qui viennent naturellement dans les pays
chauds, ne vivent dans notre Région
Septentrionale, que par artifice. Ils font
parmi nous des étrangers, à l'humeur
defquels nous devons nous accommoder. Nôtre prémiere attention, c'eft de
leur donner une terre à peu-près femblable à celle où ils viennent naturellement.

Terre pour encaiffer les Orangers.

Moitié de la meilleure terre naturelle, comme eft celle de Chenneviere,
de Pré, de grand chemin.

L'autre moitié eft compofée de parties égales de crotin de Mouton, réduit en poudre, de feüilles d'Arbres,
bien pourries, de terreau de vieilles
couches, & de poudrette.

De tout cela, on fait un mélange: on
en remplit les caiffes; & on y plante les
Orangers, & les Citronniers, qui ne
manqueront certainement pas de répondre à nos foins, & à nôtre attente.

J'ai donné ci-devant une maniere de

compofer une terre pour les Arbres exotiques, à laquelle on peut avoir recours, fi on veut encore plus rafiner, pour la compofition de celle qu'on deftine aux Orangers.

II. Avec beaucoup de foin, on pourroit ici, auffi-bien que dans les climats chauds, multiplier les Orangers, par marcote, & même par bouture, fur tout dans des fioles d'eau, comme nous l'avons enfeigné dans la I. Partie, Chapitre XI. pag. 321. Cependant en ce païs-ci on n'éleve d'ordinaire les Orangers que de pepin, qu'on tire des Oranges bien meures.

On féme ce pepin au mois de Mars dans des caiffes remplies de terreau, compofé de crotin de Mouton, & de terreau de vieille couche : & ces graines fe metent trois doigts avant dans la terre.

Au bout de deux ans, on replante les petits Arbres, qui font nés de ces pepins : & cinq, ou fix ans après on les grefe.

Il y a deux manieres de grefer ces fauvageons. La premiere eft en Ecuffon à œil dormant en Juillet, Août, & Septembre. Nous avons vû ci-devant dans l'Article IV. comment fe fait cette Grefe.

La seconde maniere de grèfer les O-
rangers, c'est *en aproche*, dans le mois
de Mai. Ce qui se fait ainsi. Le sauvageon étant assez gros, pour cette opération, on le coupe en tête; on y fait
une entaille, ou même quelquefois une
fente, dont on aproche la branche de
l'Oranger, dont on veut avoir de l'espéce : on coupe un peu de l'écorce, & du
bois des deux côtés de cette branche :
ensuite on la fait entrer bien proprement
dans l'entaille, ou fente du sauvageon :
on couvre l'endroit grèfé avec de la cire,
ou de la terre glaise, que l'on envelope
d'un petit linge : Enfin on lie le tout
ensemble assez ferme, pour pouvoir
résister à l'éfort des vents.

Au mois d'Août, voyant la grèfe
bien reprise, on sépare avec une petite
scie le rameau grèfé de l'Oranger qui en
avoit été aproché du sauvageon.

On éleve de la même façon les Citroniers, sur lesquels on grèfe les Orangers; & mutuellement les Orangers sur
les Citroniers ; quoique cependant il
soit plus naturel, & plus seur de ne grèfer les Orangers que sur des sauvageons
d'Orangers.

Afin de ne se pas tromper, & de les
reconnaître certainement, il faut obser-
ver que les Citroniers ont l'écorce jau-

nâtre, & que les Orangers l'ont grifâtre ; outre que leurs feüilles ont d'ordinaire une efpéce de petit cœur auprès de la queuë ; ce qu'on ne voit point dans les Citroniers.

III. Quand un Oranger a épuifé le fel de la terre, où il eft, ou quand il devient infirme, on le rencaiffe ; foit pour le mettre plus au large, étant devenu plus grand ; foit pour lui donner une plus fucculente nouriture, en fubftituant une terre nouvelle à celle qui eft ufée. On a foin, en le levant, de conferver une partie de la mote, qui envelope les racines.

IV. On les doit arofer deux fois la femaine dans les mois de Mai, Juin, & Juillet. Il ne faut pas que ces arofements foient exceffifs. Il eft bon toutefois, qu'on voie de fois à autre l'eau fortir du fond de la caiffe : mais pas fouvent.

On leur doit donner un arofement à peu près femblable, quand on les tranfporte dans la Serre. On ne leur en donne plus dans le refte de l'Hiver. On leur en fait un médiocre au commencement, & à la fin d'Avril.

Lorfqu'on les a tirés de la Serre, & qu'on les met en place, il faut commencer par un très-copieux arofement.

Dans le mois d'Août, on fait des arofements médiocres tous les huit jours.

V. On conferve durant l'Hiver les
Orangers dans la Serre, pour les tenir à
l'abri du froid, qui leur eft fi funefte.
De fort habiles Jardiniers ne peuvent
foufrir qu'on réchaufe la Serre par l'u-
fage du feu, dont le propre étant de
deffécher, il femble que cela ne convient gueres aux Plantes. Il fuffit que la
Serre ait une bonne expofition, qu'elle
foit fermée de portes bien épaiffes, &
de fenétres qui joignent bien avec de
bons chaffis doubles, & bien calfeu-
trés. Il faut fur tout de bonnes murailles.

VI. Pour que la tête d'un Oranger
foit belle, elle doit être d'une figure ronde, large, étenduë, à peu près de la figure d'un Champignon.

Cette tête doit être pleine fans confufion.

On ne parvient pas tout d'un coup à
donner cette forme réguliere à la tête
d'un Oranger : ce n'eft qu'avec le tems,
& de l'attention, en le pinçant, ou
taillant à propos, pour le déterminer à
pouffer, & à remplir les endroits vuides, & défectueux.

C'eft ordinairement fur la fin de Juin
que fe fait la grande pouffe des Oran-

gers ; & c'eſt alors qu'il les faut pincer
& ébourgeonner , & les arroſer plus que
de coûtume.

VII. On ſort de la Serre les Orangers vers le quinze de Mai ; & on les y
remet vers le quinze d'Octobre. Dans
les Jardins , où ils ſont d'un ſi grand ornement , on les place dans le voiſinage
d'un mur , ou d'un bois qui puiſſent les
défendre des vents du Midi , & du Cou-
chant , qui ſouflent dans ces tems-là , &
qui fatigueroient terriblement les O-
rangers. Mais comment accommoder
cela avec la neceſſité indiſpenſable de les
garentir du vent du Nord , qui leur eſt
ſi fatal ? C'eſt à la ſageſſe du Jardinier ,
que je laiſſe à décider de ce point ; & à
préférer là deſſus le parti , qu'il trouvera le plus raiſonnable.

Comme il eſt de la beauté du Jardin
d'y bien aranger les Orangers, il eſt pareillement de la beauté de la Serre de
les y placer d'une maniere , qui faſſe
une belle , & élégante figure.

ARTICLE VIII.

Secrets qui concernent le Jardin Fruitier.

I. La maniere de bien planter les Arbres.

On a obfervé, que lorfque la pluye ne pénétre point jufqu'aux racines des arbres, & qu'on n'y fuplée pas par les arrofements, ou par quelque courant d'eau qu'on y amene, on voit bien-tôt ces arbres dépérir. On obfervera donc que l'eau puiffe atteindre aux bouts des racines. Ainfi il ne faut pas planter les arbres trop avant. Il ne faut pas pareille- ment que les racines foient plus bas que la bonne terre. On les plantera de telle forte que l'eau & la chaleur du Soleil puiffent doucement folliciter les raci- nes à faire leur devoir. On ne pourroit les mettre trop à fleur de terre, fi l'on ne craignoit pas les Etez trop chauds & trop fecs, qui dévorent toute l'humeur de la terre, & qui brûlent & deffè- chent mortellement les racines. *Act. Philofoph. Febru.* 1669. *Tom.* 4. *pag.* 509. 511. *&* 518.

II. Pour qu'un Arbre sterile porte beaucoup
de fruit.

Il faut ouvrir la terre au pié de l'Arbre ; couper les extrémitez des grandes racines, retrancher les trop longues, & trop éloignées, & toutes les petites qui font trop près de la tige. On jette dans ce trou de bonne terre neuve, fur les racines qu'on recouvre fort exactement. Cela fait, l'arbre donnera bien-tôt des fignes de fa vigueur. *Act. Philofoph. Aprilis 1669. Tom. 5. pag. 50.*

III. Pour rendre les fruits d'un Arbre plus
délicieux.

La meilleure maniere, c'eft de percer le tronc de l'arbre proche de la racine, & de remplir ce trou, de la féve du même arbre, dans laquelle on aura mis infufer quelque matiere douce & odoriferente. *Act. Philofoph. Febru. 1668. pag. 52.*

IV. Pour donner aux fruits une vertu
medecinale.

Il faut, dit le P. Kirker, faire choix d'un arbre, qui foit jeune, & qui ait

beaucoup de force. Il est bon qu'il soit
exposé à un air pur , & où le vent se
fasse quelquefois sentir dans le tems
même que vous les grefez. Si c'est un
Meurier, sur quoi vous mettiez des grefes
de Pommier, de Poirier, ou de Prunier,
& que vous vouliez que les fruits aient
une vertu purgative ; il faut percer le
tronc avec un Tariere, & remplir le trou
d'Ellebore noir, mis en poudre , ou de
Scamonée , ou bien de Coloquinte.
Comme ces choses sont violentes , on
peut à la place mettre du Séné , de la
Rubarbe, du Suc d'Aloës, ou quelque
autre suc Catharctique. On enferme
fort exactement ces choses dans l'ouverture qu'on a faite au tronc, & on bouche bien le trou , afin que les esprits de
ces drogues ne s'exhalent pas. Il ne faut
pas que le trou soit de maniere qu'il
puisse empêcher la communication de
la racine avec le haut de l'arbre. Par cette operation, on aura des fruits qui seront purgatifs.

Par la même voye, en se servant du
suc de Pavot, de Morelle, de Mandra-
gore , de Stramonium , de Jusquiame,
on aura des fruits qui auront une vertu
Narcotique , & Soporative.

Si l'on employe la Canelle, le Musc,
le Sucre, le Girofle ; les Arbres porte-

ront des fruits qui feront les délices du
goût & de l'odorat. *Kirker, de Art. Ma-*
gnet. Lib. III. Part. 5. cap. 1. *Can.* 2.
pag. 492.

V. Pour avoir des grapes de Raifin meur
dès le Printems.

Si on ente une Vigne fur un Cerifier, le Raifin qui viendra fera formé &
meur dans le tems même des Cerifes.
Mais la queftion eft de bien enter la Vigne fur le Cerifier. On le fait ainfi. On
perce avec un Tariere un trou dans le
tronc d'un Cerifier. On fait enter dans
ce trou la branche de Vigne. On l'y laiffe
craître, jufqu'à ce qu'elle bouche le trou
de Tariere , & qu'elle foit intimement
unie au Cerifier. Alors on retranche le
Sarment de fon Sep , & dans la fuite il
ne tirera plus de nouriture que du Cerifier. La féve du Cerifier accélerera la
formation , & la maturité du Raifin ,
qu'on pourra manger deux mois plûtôt
qu'à l'ordinaire. *Porta, Mag. Nat. Lib.*
III. cap. 8. *pag.* 120.

VI. Pour faire que les Arbres ftériles por-
tent du fruit.

Il y a des Arbres charmants à voir , &

qui ne rapportent pourtant aucun fruit. Cela vient à coup feur de la trop grande abondance de la féve. Il faut percer avec un Tariere ces Arbres ftériles, dans le tronc jufqu'à la moüelle. Une partie de la féve en montant fe déroute & s'évacuë par cette ouverture ; ce qui rend l'arbre fructifiant. *Cent. v. n.* 428. C'eft une faignée falutaire.

VII. Pour faire lever promptement les Grains, les Pepins, les Noyaux des Fruits.

Prenez des Pepins de Pommes, de Poires, d'Oranges ; des Noyaux de Pêches, d'Abricots, de Prunes, & les faites entrer dans un Oignon, qu'on appelle *Squilla Marina* ; ou même, fi vous voulez, dans un gros Oignon ordinaire. Metés le tout en bonne terre; il eft trèscertain, qu'ils germeront plûtôt, étant excitez par l'humeur, & par la chaleur de l'Oignon. C'eft comme une maniere de grefer. La grefe tire fa nouriture du tronc fur lequel on l'a placé. On pourroit pouffer cette experience plus loin ; & il y a aparence que fi on enfermoit de la graine d'Oignon, dans un Oignon même, la graine leveroit plûtôt, & feroit un Oignon plus nouri & plus gros.

On comprend aiſément que des ſemences miſes de la ſorte, doivent trouver
plus de nouriture, que dans de la terre
toute cruë. *Cent. v. n. 445.*

VIII. Pour donner aux Fruits telle figure que l'on voudra.

Il faut faire un Moule de plâtre qui
ait au dedans la figure que l'on veut donner à une Pomme, ou Poire, ou Pêche ; & que ce Moule ſoit de deux ou
trois piéces, comme on les fait d'ordinaire, pour jetter des figures en cire ; on
le met durcir un peu au feu ; & puis on
y fait entrer le fruit encore petit. On lie
bien le Moule, de peur qu'il ne s'ouvre, & on le tient ainſi fermé, juſqu'à
ce que le fruit en ait rempli toute la capacité. Rien n'eſt plus plaiſant que de
voir après cela une Pomme, qui repre-
ſente fort regulierement un viſage, ou
une tête d'animal. Sur tout on trouve
que ce petit jeu réüſſit parfaitement bien
à l'égard des Courges.

IX. Pour rendre les fruits plus délicieux & précoces.

On dit que pour accelerer la maturité
des fruits, & pour les rendre plus agréables

bles au goût , il suffit de percer le tronc de l'Arbre , & d'inserer dans le trou une cheville d'un bois , dont l'arbre excelle en chaleur. Tels sont le Terebinthe , le Lentisque , le Guaiac , le Geniévre , &c. Un Meurier en devient plus fécond , & les Meures sont d'une excellence merveilleuse , outre que leur prématurité extraordinaire fait beaucoup de plaisir.

X. Pour faire craître très-promptement le Celeri & le Persil de Macedoine.

Quoique la graine de Celeri ne soit pas des plus opiniâtres à germer , il ne laisse pas quelquefois de s'écouler un mois avant qu'elle paraisse. Pour diligenter sa germination , il faut ainsi proceder. On prend de la graine de l'année , on la met tremper un jour ou deux dans du vinaigre en lieu un peu chaud. Quand on l'a tirée de là , on la laisse sécher. On la séme dans de bonne terre , avec laquelle on a mêlé des cendres faites de tuyaux , & de gousses de Féves. Il faut l'aroser avec de l'eau un peu chaude , & couvrir ensuite la terre avec de bons paillassons , pour que la chaleur ne s'exhale pas si-tôt. En peu de jours on voit, avec admiration , la terre s'ou-

II. Partie.   M

vrir par tout. Continuez d'arrofer, &
vous verrez bien - tôt les tiges fe montrer & s'alonger. Il y a du favoir faire,
pour y bien réüffir. Porta dit, que pour
n'avoir pas été affez exact, il n'a pû
joüir du plaifir du fuccès, que fes amis
plus diligents, & plus heureux ont goû-
té tout entier. *Mag. Nat. Lib. III.
cap.* 8.

XI. *Differents Secrets très-curieux.*

1. Pour avoir des fruits qui purgent,
on tire de terre un petit arbre, comme
un Pommier. On coupe la plus groffe
racine ; on cherche la moüelle, qui s'é-
tend dans la tige ; on en tire le plus que
l'on peut ; on met à la place de la Rubarbe. On remet en terre l'Arbre ; les
fruits qu'il portera, auront une vertu
catharctique. Si l'on veut, on fend la
tige, pour en tirer la moüelle, & puis
on réünit les deux côtez, qu'on envelope dans de la fiente de Vache, avec des
feüilles de Vigne pardeffus ; & on lie le
tout avec de l'Ozier.

2. Pour qu'une même Vigne porte
des raifins de diférente efpéce, on prend
deux branches, qu'on entaille un peu
par le milieu ; on joint les deux branches à l'endroit de l'entail ; on les lie

fortement avec des étoupes ; & on les laiffe , jufques à ce que les deux Sarments fe foient unis inféparablement enfemble. Ce nouveau Sep donnera du raifin de plufieurs efpeces. Si on gréfoit fur un Sarment de cette Vigne une troifiéme efpéce de raifin , le fpectacle en feroit plus beau & plus rare.

3. On fait la même chofe avec un tuyau de fer de demi - pié de long. On fait paffer au travers quatre ou cinq Sarments , dont on enleve l'écorce par l'endroit , où ils doivent fe réünir tous en un corps. On les lie enfemble , on remplit les vuides du tuyau avec de bonne argile ; & même on l'en couvre entierement jufques à ce que tous ces Sarments ne faffent qu'un Sep. Il donnera autant de fortes de raifins , qu'il y a de Sarments diférents.

4. On fouhaiteroit qu'un pareil cornet de fer , dont l'ouverture feroit très-petite , fût rempli de diverfes graines. On crait que , quand elles germeroient , les plumes diférentes , qui font fort tendres , venant à fe rencontrer , & à fe preffer à la petite ouverture du Cornet , il ne s'en formeroit qu'une plante monftrueufe ; c'eft-à-dire , qui renfermeroit en foi plufieurs efpeces toutes diférentes.

5. Un Pêcher gréfé quatre fois fur un Amandier doux, porte des Pêches, dont l'amende eft douce.

6. La Graine de Melon trempée durant quelques heures dans du vin, produit des Melons vineux. Chez nous on a la patience d'ouvrir avec dexterité chaque graine par le petit bout, par où le germe doit fortir. En cet état on la fait macerer dans du fuc fondu & ambré. Après quoi on la fait fécher au Soleil. On la féme dans de la terre bien fumée de fiente de Chévre ; il en vient des Melons d'un goût admirable, & plus gros qu'à l'ordinaire.

7. La graine du milieu du Melon fait des Melons gros & ronds. La graine prife du côté que le Melon touchoit à la terre, produit des Melons plus doux & plus vineux. La graine du côté de la queuë donne des Melons longs & mal conditionnez. Enfin la graine du bout, où étoit la fleur, porte des Melons affez proportionnez & bien figurez.

8. Si l'on veut faire meurir des Figues un mois avant la faifon, voici ce que l'on fait chez nous. On choifit des branches, où il y a beaucoup de fruits, bien fains & des plus avancez de l'arbre ; on pique legérement avec un canif ces branches, à un demi-pié plus

bas que le fruit. On atache au bas do
l'endroit piqué un cornet de parchemin ,
haut d'environ quatre doigts , que l'on
remplit de fiente de Pigeon , détrempée avec de l'huile d'olive. On couvro
tout cela avec un linge qu'on attache a-
vec de l'Ozier. On met fur chaque Fi-
gue une goute de la même huile ; ce
qu'on continuë de faire tous les quatre
ou cinq jours. On aura par là des Figues delicieufes , un peu plûtôt qu'à
l'ordinaire.

CHAPITRE VIII.

Ouvrages de chaque mois dans le Jardin à Fleurs.

JANVIER.

ON couvre les Plantes qui craignent le froid. Il faut fur tout
préferver des gelées les Anémones plan-
tées dans des pots , & toutes les jeunes
Plantes.

FEVRIER.

On feme à la fin de ce mois fur cou-

che & fous cloche des fleurs annuelles,
qu'on doit replanter au commencement
de Mai. On feme Balfamine, Melan-
zène, Datura, Canne d'Inde, Pomme d'Etiopie, Pomme dorée, Ama-
ranthe, ou Paffevelours. Tout eft perdu, fi la gelée les ateint.   .

MARS.

On feme fur couche la graine de Giroflée, les Oeillets d'Inde, les Rofes
d'Inde, les Belles de nuit, Oeillets,
Bafilic, Marjolaine, Phafeole incarnat
d'Inde, Merveille du Perou, Creffon
d'Inde, Souci double, Poivre d'Inde, Mirthe.

AVRIL.

On arofe foigneufement les Renoncules & les Anémones. Il faut préferver du mauvais tems & du foleil trop
chaud, les belles Tulipes panachées,
les Oreilles d'ours, les Anémones & les
Renoncules. On doit avoir des couver-
tures toutes prêtes dès le commencement de ce mois.

MAI.

On plante les Anémones fimples. On

marcote les Giroflées jaunes , on en plante auffi de boutures , on multiplie par les mêmes voies les Giroflées muf-quées doubles.

Pour avoir des Oeillets doubles , on feme les bonnes graines , les huit pre-miers jours de la Lune de Mai. On les replante en Septembre avant l'équinoxe.

On plante des Marguerites , des O-reilles d'ours , & des Narciffes blancs doubles.

On féme du Souci double , le Thlaf-pi de Candie , la Scabieufe veloutée , les Penfées , les *Cramus*. A la fin du mois on déplante les Tulipes defféchées.

JUIN.

On retranche des boutons , & même des montans, qui font en trop grand nombre aux Oeillets ; & on apuie ceux reftent avec de petites baguettes.

On recueille les graines meures. On déplante les Anémones & les Renon-cules.

JUILLET.

On commence à marcoter les Ocil-lets.

On ente en aproche les Mirthes , Jafmins , Orangers , Rofiers , &c.

M iiij

AOUST.

On met en terre les Hyacinthes , les Anémones , les Renoncules , les Jonquilles , les Imperiales , &c.

On marcote encore les Oeillets. Un Oeillet , pour qu'il soit beau , doit être grand , bien garni , bien rangé , de belle couleur , bien panaché & fort velouté.

SEPTEMBRE.

On seme des Pavots , des piés d'Alöuette , qui fleuriront en Juin & en Juillet.

On seme pareillement les graines d'Oreilles d'ours , de Renoncules , d'Iris * de Martagons.

OCTOBRE.

On met en terre les oignons de Tulippes & les autres oignons, qui n'y font pas encore. Tant qu'il ne géle pas, on tient durant le jour les fenêtres des Serres ouvertes.

NOVEMBRE.

On plante les belles Tulipes pana-

chées : &. on couvre , ou enferme dans
les Serres tout ce que le froid à coûtume de faire périr. On peut femer fur
couche , & fous cloche , quelques graines , comme font celles que nous avons
marquées en Septembre.

DECEMBRE.

La nature eft dans un trifte engour-
diffement , & je crai que dans ce mois-
ci , comme dans le fuivant , toute l'a-
tention des curieux Fleuriftes doit être
de conferver leurs Plantes contre les
meurtriers affauts de la gelée.

ARTICLE I.

Secrets concernant la culture
des Fleurs.

*I. Comme on peut faire des Prodiges dans
la Culture des Fleurs.*

Nous allons maintenant moiffonner
dans la *Flore* du P. Ferrari , Jefuite. La
moiffon fera belle & bonne. *Andreas*
Capranica dans un difcours prononcé à
Rome , dit : Si on aplique aux Plantes

les secours qu'on peut tirer de la Chymie, l'art forcera la nature à se surpasser
elle-même. Elle fera ce qu'elle n'a jamais fait. Tout dépend de l'ingénieux
usage du Mercure, du Sel, & du Sou-
fre des Philosophes. Quels miracles de
Fleurs n'aura-t-on point, si on sait mêler, dans les sucs de la terre, le sang
chaud des animaux? On ne sait ce que
vaut ce sang, pourvû que ce ne soit
pas du sang de bouc, parce qu'il exce-
de en sécheresse; & comme tel, il est
moins propre à la végétation. Si dans ce
sang on mêle des cendres, & des sels de
plantes, ou du Nitre si fécond par lui-
même, on aura des fleurs d'une grosseur, & d'une étenduë ravissantes. Un
fumier bien choisi, bien mis en œuvre,
est d'une éficacité surprenante, pour a-
vancer les fleurs, & pour leur donner
un émail charmant. Ce sera mètre la
derniere main à ce grand œuvre, si l'on
fait bien macérer toutes ces choses dans
de l'eau de vie, & en tirer, par la distil-
lation, la quintessence. On verra des
choses, qu'on ne comprendra pas. On
craira que ce sont des songes.

Il faut se donner de garde, que ces
matieres brûlantes ne touchent aux racines des plantes; il faut de bonne terre
au-dessus, sur quoi on puisse, sans nui-

re aux racines, répandre ce puiſſant baume de vie, avec prudence, & une dûë proportion.

Dans la Toſcane, un Jardinier, homme de mérite, a trouvé le ſecret de conſerver dix ans dans une groſſe taſſe de verre, remplie de terre, une branche de Pommier, chargée de trois, ou quatre pommes, ſans qu'il y parût aucun dépériſſement. Ne peut-on pas uſer du même ſecret, pour la conſervation des fleurs?

Rien ne réjoüit davantage les plantes, que de les aroſer avec de l'eau échaufée au Soleil; & dans laquelle on a mis de la columbine, & des cendres de plantes de même eſpece. *Ferrari, flora, Lib. iv. cap. 3. pag. 441.*

II. *Changer & déterminer le tems, où les fleurs naîtront.*

Il n'eſt pas impoſſible d'avancer, ou de retarder le tems des fleurs, comme on voudra. On peut par l'art anticiper ſur la ſaiſon ordinaire: & les roſes, pour exemple, qui ne viennent ordinairement qu'à la fin du printems, paroîtront beaucoup plûtôt.

1. On plante, dez la fin d'Octobre, un roſier, dans un vaſe rempli de bon-

ne terre, mêlée avec un fumier fuccu-
lent, & tendre. On l'humecte tous les
jours deux fois avec un peu d'eau
chaude. Dans les tems rudes, & froids,
il faut le rentrer dans la maifon ; hors de
laquelle il ne doit jamais coucher. Vers
le printems, lors qu'un vent doux viendra avec la chaleur du Soleil, folliciter
les plantes à fe parer de feüilles, il faudra arofer le rofier avec de l'eau un peu
plus chaude. Vous verrez avec quelle
diligence la rofe fe montrera pour faire
honneur aux prémiers jours du printems.

Il y a un inconvenient, dit le P. Ferrari : c'eft qu'un acouchement fi préma-
turé, fait que fouvent la mére meurt
prefqu'en même tems que l'enfant. Ce
procédé ne laiffe pas d'être fort vanté
par les Anciens, qui ont écrit fur le
Jardinage. *Plin. Hift. Nat. l. xxi. c. 4.*

2. Le plaifir coûte moins, en écuf-
fonnant fur un Amandier un œil, un
bouton pris fur une branche de rofier :
on eft affûré d'avoir de très-belles rofes,
fouvent dans le tems même, que la
terre eft encore couverte de nège, & de
frimats.

3. Si à la maniere des anciens Romains, vous voulez avoir la fleur, qui
porte la pourpre de la fouveraineté fur

toutes les fleurs, dez le prémier jour de Janvier, auquel les Confuls fe revê- toient de la pourpre Confulaire; il faut, dit Démocrite, que durant les grandes chaleurs de l'été, vous arofiez deux fois par jour, le rofier, que vous deftinez à vous donner ce plaifir. Il fleurira dans le fond de l'hyver. Mais je crai que quand les grands froids viennent, il faut le re- tirer dans une ferre.

4. Les fleurs, qui ne viennent que dans le printems, & dans l'été, paraî- tront dez l'hiver, fi on les folicite dou- cement par des aliments gras, chauds, & fubtils. Le marc de raifin, dont on a retranché toutes les petites peaux, le marc d'olives, le fumier de cheval, les eaux des baffes-cours contribuent infi- niment à hâter les plantes. Ainfi, fi dez le commencement d'Octobre, vous cou- pez les branches trop avancées des giro- flées, & que vous les enfeveliffiez avec des matieres graffes, & falines au pié de la plante, vous aurez quatre mois plû- tôt des giroflées fleuries.

5. Tout le fecret, pour avoir des fleurs précoces, dit Cardan, de qui le P. Ferrari l'a pris, confifte en quatre chofes. 1. Il faut échaufer, & animer le bourgeon, pour qu'il ne fe dévelope pas trop tard. 2. Il faut un lieu chaud.

3. Il faut une nouriture succulente. 4. Il faut que cette nouriture convienne à la plante, sur quoi vous faites vos épreuves. Je ne me lasse jamais, ajoûte Cardan, de recommander ces quatre choses, qui sont bien fondées en raison. *De Varietat. Lib. xii. c. 66. p. 663.*

6. C'est une pratique assûrée, que si on renferme des graines dans des oignons, la chaleur de l'oignon excite, & accéléré merveilleusement la germination. On se sert de cette voie avec beaucoup de succès, pour les graines, & les noyaux, qu'on a ordinairement peine à faire germer.

7. Pour avoir des roses en hiver, il faut aracher les rosiers, quand ils commencent à pousser : & on les transplante dans une terre un peu moins grasse. Cela les dérange étrangement. Alors leur prémier soin est de se nourir, & d'étendre leurs racines & ce n'est qu'après cela, qu'ils se déterminent à donner dans l'hiver suivant les roses, qui dévoient briller dez le printems.

8. Le P. Ferrari raporte d'après Porta, *Mag. Nat. Lib. iii. cap.* 10. que si une main bien adroite fait écussoner un œil de rosier sur un Pommier : cet arbre portera en même tems à la fin de Septembre, les Fleurs du printems, & les fruits de l'autonne.

9. Le fecret n'eft pas rare , mais il a pourtant fon ·mérite. Pour avoir de la giroflée , des œillets , des rofes fort tard , il n'y a qu'à rompre doucement , avec fes doigts , les boutons naiffants , ou les calices qui contiennent la fleur : Il faut beaucoup arofer durant les chaleurs de l'été. Par ce petit artifice, on retarde dans la tige , l'humeur deftinée pour la formation parfaite de la fleur : mais elle s'échaufe , & reprend fon mouvement, afin de produire d'autres Fleurs. On fait cette fupercherie aux petits oifeaux. Quand on déchire leur nid pendant qu'ils couvent leurs œufs , ils font un nouveau nid , & pondent de nouveaux œufs , pour remplacer ceux qu'on leur a ôtez ; & par ce moyen on leur fait avoir des petits un mois plus tard.

10. Si on met les oignons de lis fort avant en terre , ils en fleuriffent plus tard. Ainfi afin d'en avoir plus longtems , on met quelques · uns de ces oignons trois pouces en terre , d'autres à cinq pouces , quelques-uns à fept.

On conferve une fleur long-tems , fi avant qu'elle foit ouverte , on l'enferme exactement entre deux pots neufs de terre , qui ne foient point vernifez. Si deux mois après , vous tirez de là vôtre fleur , comme pour faluer la lumiere ,

faire honneur au Soleil, elle s'ouvre a-
vec une diligence étonnante. La même
chofe fe peut faire à l'égard des autres
fleurs. Les œillets, les anémones fe gardent long-tems de cette maniere, pourvû qu'entre les deux plats de terre, on
mette quelques plantes d'avoine en herbe, arachées avec leurs racines. On peut
couvrir de filaffe le calice d'un œillet,
mettre de la poix par-deffus ; & puis le
cacher dans une canne, ou dans une
boëte de bois de chêne auffi enduite de
poix, de peur que l'humidité, ni l'air
n'y entrent : & en cet état dépofer le
tout dans une terre, qui ne foit pas trop
trempée d'eau. En voilà affez pour fe
former l'idée de faire encore mieux que
tout cela.

III. *Pour donner de nouvelles couleurs aux Fleurs.*

Il y a particulierement trois couleurs,
qui font rares dans les fleurs, & que les
Curieux y voudroient pouvoir introduire. Le *noir*, fi propre par fa couleur lu-
gubre à peindre le dégât que la mort
caufe dans les familles. Le *verd*, fi agréable aux yeux, & fi propre à nourir & à
fortifier la vûë. Le *bleu*, qui tranfmet
fur la terre la couleur du Ciel.

1. On peut faire prendre aux fleurs ces trois sortes de couleurs, sans beaucoup de peine. Pour le noir, on prend les petits fruits, qui craiſſent ſur les Aûnes. Il faut atendre qu'ils y ſoient bien deſſechez. On les met en poudre impalpable. Pour le verd, on ſe ſert du ſuc de ruë. Et pour le bleu, on emploie les Bluets, qui craiſſent dans les blés. On les fait ſecher, & on les réduit pareillement en poudre bien fine. Voici l'uſage.

On prend la couleur dont on veut imprégner une plante, & on la mêle avec du fumier de mouton, une petite pointe de vinaigre, & un peu de ſel. Il faut qu'il y ait dans la compoſition, un tiers de la couleur. On dépoſe cette matiere, qui doit être épaiſſe comme de la pâte, ſur la racine d'une plante, dont les fleurs ſont blanches. On l'aroſe d'eau un peu teinte de la même couleur : & du reſte on la traite à l'ordinaire. On a le plaiſir de voir des œillets, qui étoient blancs, devenus noirs comme des Etiopiens. On fait la même choſe pour le verd & pour le bleu.

Pour mieux réüſſir, on prépare la terre. Il la faut choiſir légere & bien graſſe, la ſécher au ſoleil, la réduire en poudre, & la paſſer par le tamis. On

en remplit un vafe, & l'on met au milieu une Giroflée blanche. Car la feule
couleur blanche eft docile, & fufcepti-
ble de nos impreffions. Il ne faut point
que la pluie, ni la rofée de la nuit tombent fur cette plante. Durant le jour on
la doit expofer au foleil.

Si on veut que cette fleur blanche fe
revête de la pourpre des Rois, on fe
fert de bois de Brefil pour faire la pâte,
& pour teindre l'eau des arofemens. Par
cet artifice, on auroit des lis charmans.
En arofant la plante des trois ou quatre
couleurs, par trois ou quatre diférens endroits, on auroit des lis de diverfes couleurs, qui feroient beaux à l'admiration.

Un Curieux met macérer les oignons
de Tulipes dans des liqueurs préparées,
dont ils prennent la teinture. Quelques-
uns découpent un peu ces oignons, &
infinuent des couleurs feches dans les
petites hachures.

IV. *Pour donner de nouvelles odeurs aux Fleurs.*

La beauté n'eft qu'un vain ornement,
quand elle n'eft pas acompagnée de l'o-
deur d'une bonne réputation. Cela eft
vrai en quelque maniere dans les fleurs.
A quoi fert ce vif émail des couleurs

qui réjoüit les yeux, fi la fleur répand
une athmofphére d'odeur infuportable?
Ce feroit donc faire un miracle, & rendre un bon ofice à une fleur, que de lui
ôter fa mauvaife odeur, pour lui en communiquer une bonne. Les pivoénes, les
tulipes, font toutes charmantes aux
yeux, mais elles ofenfent terriblement
l'odorat. Il faut que l'art leur donne ce
que la nature leur a refufé.

1. C'eft prefque toute la même manœuvre, tant pour imprimer des couleurs étrangeres aux fleurs, que pour les
parfumer d'une odeur qui ne leur eft
pas naturelle. On peut commencer à re-
medier à la mauvaife odeur d'une plante dez avant fa naiffance; c'eft-à-dire,
lors qu'on feme la graine, fi elle vient
de graine. On détrempe du fumier de
Mouton dans du vinaigre, où l'on met
un peu de mufc, de civette, ou d'am-
bre en poudre. On met les graines, ou
même les oignons durant quelques jours
macérer dans cette liqueur. On fait par
expérience que les fleurs qui en vien-
dront, répandront une haleine très-dou-
ce & très-agréable. Si on veut joüer à
coup feur; c'eft d'arofer les plantes naiffantes de la même liqueur, où l'on a mis
tremper les femences.

Le P. Ferrari ajoûte, qu'un de fes

amis, bel esprit & grand Philosophe,
entreprit d'ôter au souci d'Afrique son
odeur si choquante, & qu'il y réussit
avec un peu de soin. Il mit tremper durant deux jours ses graines dans de l'eau
de rose, où il avoit fait infuser un peu
de musc. Il les laissa un peu sécher, &
puis les sema. Ses Fleurs n'étoient pas
entierement dépoüillées de leur mauvaise odeur ; mais on ne laissoit pas de res-
sentir au travers de cette haleine primi-
tive, certains petits esprits étrangers,
suaves & flateurs, qui faisoient suporter
avec quelque plaisir le défaut naturel.
De ces plantes déja un peu amendées,
il en sema la graine avec la même préparation, que nous venons de marquer ;
il en vint des Fleurs, qui pouvoient le
disputer, sur le fait de la bonne odeur,
aux jasmins, & aux violettes. De cette
maniere, d'une Fleur, auparavant le plaisir d'un sens, & le fleau d'un autre, il
en fit un miracle qui charmoit tout à la
fois la vûë & l'odorat.

2. A l'égard des plantes, qui viennent de racine, de bouture, de marcote, l'opération se fait au pié, comme
nous l'avons dit sur l'article des couleurs.
C'est la même chose.

Pour ce qui est des arbres, on en
perce le tronc avec un tariere ; & avant

que la féve monte , on y met en confiftence de miel , la matiere dont on veut
que les fruits prennent l'odeur & le
goût.

Il me femble qu'une perfonne un peu
ingénieufe peut commenter fur tout ce
que j'ai dit, & aler infiniment au-delà.
J'ai donné les principes ; mille idées
peuvent naître, fe dévelorer , & fortir
aifément de la fécondité de ces principes. Je ferai ravi qu'on me pafle par
des inventions plus ingénieufes & plus
hardies.

Ces mêmes principes , apliquez fur
les plantes légumineufes , & tranfportez
dans les jardins potagers , feront des légumes faines & délicieufes. On leur
donnera telles vertus que l'on voudra.
On les rendra purgatives & médecinales , fi le goût fe tourne de ce côté-là.
On fera des prodiges ; mais des prodiges , qui ne feront pas de pure curiofité. La fanté , & la vie , chofes fi précieufes, y trouveront des fecours infinis.
Nous aprenons de l'Hiftoire , qu'Atta-
le Roi de Pergame , cultivoit par cha-
grin , les plantes fameufes par le poifon , & la mort qu'elles portent avec elles. Et nous, par un bon cœur , nous
cultiverons les plantes falutaires & vivi-
fiantes ; & nous tâcherons, par des plan-

tes médecinales, de fecourir les mala-
des , & de flater par des légumes dou-
ces & agréables , le bon goût des honnêtes gens.

Après tout , il faut fe fouvenir que
l'art ne fait pas tout ce qu'il veut , ni
comme il veut : il doit fe régler fur le
mécanifme de la nature. Il faut qu'il
s'affujettiffe à fes loix , parce que ce font
les loix de l'Auteur même de la Nature. Le P. Ferrari , de qui j'ai emprun-
té ces trois articles , a fait un difcours
admirable , qui contient une favante dif-
pute de la Nature avec l'Art. Le bel
efprit & l'élégance régnent par tout dans
cette piéce. Il la finit fort judicieufement par ces beaux mots: *Hic Florei
duelli finis : hoc documentum , infeliciter
pugnare Artem , cum repugnat Natura. Flora , lib. iv. c. vi. pag.* 468.

V. *Pour rendre les giroflées doubles & de
diverfes couleurs.*

M. Rai eftime ce fecret , parce qu'il
vient du *P. Laurembergius* , qui eft un
Auteur de très-bonne foy. Il avoit des
giroflées blanches qui au printems don-
nérent toutes des fleurs fimples. Il les
tranfplanta dans l'autonne. Il fit la même chofe au Printems fuivant , & em-

pêcha qu'elles ne fleuriffent. Dans l'été,
ces giroflées firent des fleurs doubles.
Comme elles étoient toutes blanches,
voici ce qu'il fit pour en avoir de diférentes couleurs. Il en fema les graines
dans une terre fort fucculente, qu'il a-
voit fait fécher au foleil, & qu'il paffa
enfuite par un tamis. Soir & matin, il a-
rofoit fes graines avec de l'eau de diverfes couleurs. Sur l'une, il verfoit de l'eau
jaune; fur l'autre, de l'eau bleuë ; ici, c'é-
toit de l'eau rouge ; là, de l'eau verte,
&c. Il continua de les arofer durant
trois femaines. Le foir, il retiroit dans la
maifon les vafes, de peur que la rofée
de la nuit ne détrempât & n'affoiblît les
couleurs, dont il avoit teint l'eau des
arofements. Il réüffit felon fes defirs.
Les germes des graines s'imprégnerent
des couleurs qu'il avoit employées, &
firent des giroflées d'un beau coloris. Il
y en avoit de fafranées, de purpurines,
de blanches, de couleur de chair, de
panachées, &c. *Rai*, *hift. plantar. l.* 1.
c. 20. *p.* 40.

Il faut que les couleurs dont on fe
fert pour colorer l'eau, foient tirées de
la famille des Végétaux. Les couleurs
qui viendroient des minéraux, feroient
corrofives & feroient mourir les plantes.

Ce même secret se peut pratiquer sur toutes sortes de fleurs blanches. Je m'imagine qu'il réüssiroit à merveilles, sur les lis blancs.

VI. *Pour avoir des Roses fort tard.*

Il n'est pas moins agréable d'avoir des Fleurs tardives, que d'en avoir de précoces. Les anciens estimoient fort les roses qui venoient à la fin de l'Autonne. La foiblesse du Soleil nous persuade alors qu'il ne faut plus rien atendre de la nature. Cependant on y réüssit en plusieurs manieres. Voici les expériences de Bacon.

1. Si au Printems vous coupez les branches, qui paraissent devoir porter des roses, il arivera que les rejettons en donneront au mois de Novembre. La raison est, que le suc qui se seroit porté aux branches principales, va aux surgeons, les avance, & leur fait donner des roses que la nature réservoit pour le printems suivant. *Cent. v. n.* 413.

2. Si vous arachez les bourgeons des rosiers, dans le tems qu'ils commencent à se developer, vour verrez aux côtez naître de nouveaux rejettons qui fleuriront fort tard. Le cours du suc nouricier

cler étant fufpendu & détourné, il prend une autre route , & fe porte vers les yeux & les boutons , qui ne devoient fortir que l'année fuivante. *Cent. v. n.* 414.

3. On coupe toutes les branches anciennes , & on ne laiffe que celles qui font de l'année derniere , & qui ne doivent avoir des rofes que l'an fuivant. Tout l'aliment fe porte à ces jeunes branches , & leur fait porter des fleurs dans l'autonne , anticipées fur le printems fuivant. *Cent. v. n.* 415.

4. Il n'y a qu'à découvrir les racines des rofiers , vers Noël, durant quelques jours ; par là, on empêche le fuc de monter de la racine au haut de la plante ; la végétation eft retardée & interrompuë. Elle recommence, dès-lors qu'on a rejetté la terre fur les racines : mais les feüilles & les fleurs viennent plus tard. *Cent. v. n.* 416.

5. Il faut aracher le rofier pour quelques femaines , avant que les Bourgeons paraiffent. Quand on le replante , il fe paffe quelque-tems , avant que le fuc ait repris fon cours , par les pores de la racine : ce qui retarde la manifeftation des fleurs.

6. Il faut planter un rofier en un lieu fort ombragé , comme au pié d'une haye. De là,il arrive deux chofes. 1. La

plante n'eſt point échaufée par le ſoleil,
dont la chaleur hâte le mouvement de
la ſéve. 2. La haye atire puiſſamment
à elle les ſucs de la terre, & en laiſſe
peu aux Plantes ſes voiſines ; & ces deux
cauſes jointes, retardent conſidérable-
ment la végétation du roſier, qui par
conſéquent doit donner des roſes beaucoup plus tard. *Cent. v. n.* 420.

Il faut ajoûter avec Bacon, que tout
ce que nous venons de dire du roſier, ſe
peut apliquer aux autres plantes.

VII. *Vertu des cendres, pour rendre les*
plantes & les fleurs plus groſſes
& plus belles.

Pour faire craître extraordinairement
une plante, il faut l'aroſer quelquefois
de leſſive faite des cendres des plantes
ſemblables, que l'on a brûlées. Il eſt
certain que les ſels, qui ſe trouvent dans
cette leſſive, contribuent merveilleuſe-
ment à donner abondamment ce qui eſt
néceſſaire à la végétation des Plantes ;
ſur tout celles, avec leſquelles ces ſels
ont de l'analogie par leur configuration.
Car enfin il eſt certain que les ſels tirez
des cendres des tulipes brûlées, ayant
plus de convenances avec l'arrangement
des parties qui compoſent l'oignon, la

tige, les feüilles, & la fleur de la tuli-
pe, font beaucoup plus propres à la faire craître extraordinairement, que tous
les fels de plantes d'autre efpèce.

Ce qui nous fait remarquer en paffant
que les gens de la Campagne brûlent in-
diféremment des fougeres, des orties,
des géniévres, des ronces, pour en jetter les cendres fur leurs terres ; & prétendent par-là en augmenter la fertilité.
La queftion eft de favoir, fi ces fels,
qui font d'une nature & d'une figure
toute diférente de ceux des femences
dont on a chargé un champ, peuvent
contribuer à les faire végéter & multiplier.

ARTICLE II.

Differents Secrets très-curieux pour le Jardinage.

I. Comment on peut avoir des Fleurs en hyver,& des Fruits au printems.

Le tout confifte à favoir deux chofes : La premiere, fi la végétation des
Plantes dépend tellement de l'action du
Soleil, qu'elle ne puiffe jamais s'en paffer. Sur quoi il eft aifé de répondre, que
toute autre caufe, qui eft capable d'é-

chaufer & d'émouvoir les sucs qui sont
dans la terre, est aussi capable de produire les mêmes effets. La seconde chose qu'il faudroit savoir, c'est, qui est
cette cause dont on pouroit substituer
l'action à l'opération du Soleil. Les Jardiniers se servent ordinairement de fumier, & de chaux, pour échaufer le
pié des Arbres pendant l'Hiver, & pour
leur faire pousser des Précoces au Printems. Il y en a qui alument du feu dans
des lieux soûterrains, pour échaufer l'air
& la terre, & pour produire une varieté admirable de Fleurs durant les plus
fortes rigueurs de l'Hiver. *Denis, Confer.*
sur les Scienc Juillet 1672. pag. 165.

C'est ainsi qu'Albert le Grand faisoit,
par son habileté dans la Physique des
Plantes, paraître le Printems dans l'Hiver, & l'Autonne au Printems.

Mais comme il est dificile d'imiter
exactement les diférents degrez de chaleur du Soleil, il arrive souvent qu'on
les surpasse dans ses opérations, & qu'on
donne trop de mouvement aux sucs de
la terre ; d'où il arrive qu'ils montent a-
vec trop de précipitation, des racines
dans les branches, qu'ils ne s'y arrêtent
pas assez long-tems pour s'y figer ; &
que les pores des branches, par où ils
passent avec trop de vitesse, s'élargissent

tellement, qu'ils ne font plus capables
retenir aucune nouriture. C'eſt pourquoi
les Arbres que les Jardiniers forcent de
porter des précoces, ne font pas de longue durée. Ils ſe deſſechent, & meurent
auſſi-tôt qu'ils ont donné leurs premiers fruits.

II. Si l'on grefe deux ou trois fois
le Jaſmin ſur un Oranger, il en naîtra
des Fleurs plus fortes, & dont l'odeur
tiendra quelque choſe de tous les deux.

III. Si l'on grefe deux ou trois fois
le Jaſmin d'Eſpagne, ſur du Genêt d'Eſpagne, la Fleur du Jaſmin deviendra
jaune.

*IV. Pour planter à peu de frais un Bois,
qui faſſe promptement un ombre agréable.*

Il faut pour cela choiſir dés Arbres
qui faſſent aiſément des racines. Tels
font les Saules, les Oſiers, le Peuplier,
l'Aûne. Il en faut coucher dans la terre
des branches tout de leur long. Elles
pouſſeront des rejettons par tous leurs
nœuds, qui feront autant d'Arbres.
Cent. v. n. 425.

F I N.

TABLE

Des Matieres contenuës dans la seconde Partie.

DES MATIERES.

TABLE

La

DES MATIERES.

II. Partie. O

TABLE

DES MATIERES.

O ij

TABLE

Fin de la Table de la seconde Partie.

APPROBATION.

JE fouffigné, Docteur Regent de la Faculté de Medecine de Paris, Confeiller, Lecteur & Profeffeur du Roi, ai lû par ordre de Monfeigneur le Chancelier, *les Curiofitez de la Nature & de l'Art fur la Végétation*, & je les ai trouvées très - dignes de la lecture des Savans. Fait à Paris ce 24. de Février 1705.

Signé, ANDRY.

PRIVILEGE DU ROY.

LOUIS par la grace de Dieu, Roy de France & de Navarre. A nos amez & féaux Confeillers, les Gens tenans nos Cours de Parlement, Maîtres des Requêtes ordinaires de notre Hôtel, Grand Confeil, Prevôt de Paris, Baillifs, Sénéchaux, leurs Lieutenans Civils, & autres nos Jufticiers qu'il appartiendra, SALUT. Jean Moreau Imprimeur-Libraire à Paris, Nous ayant fait expofer qu'il defireroit réimprimer avec des augmentations un Livre intitulé : *Les Curiofitez de la Nature & de l'Art fur la Végétation* ; s'il Nous plaifoit luy accorder nos Lettres de Privilege fur ce neceffaires : Nous avons permis & permettons par ces Prefentes audit Moreau de réimprimer ou faire imprimer ledit Livre en telle forme, marge & caractere, & autant de fois que bon

II. Partie.   P

lui femblera, & de le vendre, faire vendre &
débiter par tout notre Royaume, pendant le
tems de trois Années confecutives, à compter
du jour de la datte defdites Prefentes; Faifons
défenfes à toutes Perfonnes de quelque qualité & condition qu'elles foient, d'en introduire
d'impreffion étrangere dans aucun lieu de notre obéïffance : Et à tous Imprimeurs, Libraires & autres, d'imprimer, faire imprimer,
vendre, débiter, ni contrefaire ledit Livre, fans
la permiffion expreffe & par écrit dudit Expofant, ou de ceux qui auront droit de luy ; à
peine de confifcation des Exemplaires contre-
faits, de quinze cens livres d'amende contre
chacun des contrevenans, dont un tiers à Nous,
un tiers à l'Hôtel-Dieu de Paris, l'autre tiers
audit Expofant, & de tous dépens, domma-
ges & interêts : A la charge que ces Prefentes
feront enregiftrées tout au long fur le Regi-
ftre de la Communauté des Imprimeurs & Libraires de Paris, & ce dans trois mois de la
datte d'icelles; que l'impreffion dudit Livre
fera faite dans nôtre Royaume & non ailleurs,
en bon papier & en beaux caracteres, conformément aux Reglemens de la Librairie ; Et
qu'avant que de l'expofer en vente, il en fera
mis deux Exemplaires dans notre Bibliothe-
que publique, un dans celle de nôtre Chateau
du Louvre, & un dans celle de nôtredit très-
cher & féal Chevalier Chancelier de France le
Sieur Phelypeaux Comte de Pontchartrain,
Commandeur de nos Ordres. Le tout à peine
de nullité des prefentes ; du contenu defquelles vous mandons & enjoignons de faire joüir
l'Expofant ou fes ayant caufe, pleinement &
paifiblement, fans fouffrir qu'il leur foit fait
aucun trouble ou empêchement. Voulons que
la Copie defdites Prefentes, qui fera imprimée

au commencement ou à la fin dudit Livre, soit tenuë pour dûëment signifiée, & qu'aux Copies collationnées par l'un de nos amez & feaux Conseillers & Secretaires, foi soit ajoûtée comme à l'Original. Commandons au premier nôtre Huissier ou Sergent de faire pour l'execution d'icelles, tous Actes requis & nécessaires, sans autre permission, & nonobstant clameur de Haro, Charte Normande, & Lettres à ce contraires. Car tel est nôtre plaisir. Donné à Fontainebleau le premier jour de Juillet l'an de grace mil sept cens huit, & de nôtre Regne le soixante-sixiéme. Signé, Par le R O Y en son Conseil, LE COMTE.

Regiſtré ſur le Regiſtre N. 2. de la Communauté des Libraires & Imprimeurs de Paris, page 358. n. 671. conformément aux Reglemens, & notamment à l'Arrêt du Conseil du 13 Aouſt 1703. A Paris, ce 14. Juillet 1708.
Signé, L. S E V E S T R E, *Sindic.*

Imprimé en France
FROC021009220120
23239FR00018B/253/P

9 782329 360843